Treffpunkt Teich und Tümpel

Frank und Katrin Hecker

150 Tiere und Pflanzen im und am Wasser

KOSMOS

Zu diesem Buch

Wasser ist die Quelle allen Lebens auf der Erde. Ohne Wasser gäbe es auf unserem Planeten weder Pflanzen noch Tiere. Doch selbst wer sich dies nicht vergegenwärtigt, spürt häufig die starke Anziehungskraft, die das Element Wasser auf uns ausübt. Ob an der brandenden Meeresküste, am Ufer eines gurgelnden Baches, spiegelglatten Sees oder am stillen Teich: Gewässer sind Oasen der Entspannung, hier tanken wir Ruhe und Kraft.

Ereignis am Teich: Das Paarungsrad der Pechlibellen

Ein Königreich für Libelle, Frosch und Co.

Aufmerksamen Beobachtern wird am Ufer eines kleinen Stillgewässers kaum entgehen, dass sie nicht allein sind. Während das Leben im Meer und in größeren Seen sich eher verborgen vor unseren Augen in größeren Tiefen oder in weiter Entfernung abspielt, ist es am Teich zum Greifen nah. Auf dem Wasser tanzen langbeinige, dünne Gestalten im Sonnenlicht, aus dem Röhricht erklingt ein Schnattern und Knarren, Libellen schwirren über der Wasserfläche und darunter verwandeln sich gerade fischähnliche Kaulquappen in kleine Frösche. Tatsächlich haben wir nirgendwo sonst in der Natur die Möglichkeit, das Leben im wichtigsten und ursprünglichsten unserer Elemente, dem Wasser, so eindrücklich und nah kennen zu lernen wie am Teich. Weiher und Teiche zählen zu den pflanzen- und tierreichsten Lebensräumen unserer Heimat mit einer ungeheuren Fülle verschiedenster Lebensformen. Sie kennen zu lernen bedarf es nicht viel mehr als etwas Muße und wacher Sinne. Dabei werden Sie vielleicht feststellen, dass die Stille und Ruhe der Oberfläche ein wenig trügt.

Denn das Leben, das sich unter dem Wasserspiegel abspielt, ist alles andere als friedlich. Da lauern Wegelagerer mit messerscharfen Dolchen und als Blumen getarnte Räuber mit explodierenden Harpunen. Fantastisch ist der Einfallsreichtum, mit dem die Tiere ihr Leben unter Wasser meistern. Es reicht vom selbst gebauten Tauchboot der Wasserspinne über eingebaute Schnorchel der Wasserwanzen bis zur Schwimmweste des Gelbrandkäfers. Dabei sind etliche Arten in der Lage, das Wasser zu verlassen und den Rest ihres Lebens als rasante Flieger in der Luft zu verbringen wie die Libellen. Wir wünschen Ihnen viel Spaß beim Eintauchen in das geheimnisvolle Abenteuer Wasser-Welt!

Teichbewohner: Pfeilkraut (oben) und Teichfrosch

Leben in Teich und Tümpel

Es ist kein Zufall, dass Teiche und Tümpel begehrte Königreiche für viele Tiere und Pflanzen sind – und damit auch für uns als stille Teilhaber. Die hier herrschenden Gesetze liefern einfach ideale Bedingungen für ein enormes, schier unerschöpfliches Wachstum. Welche Umstände es sind, die das Leben im Teich so attraktiv machen, darum geht es in dem Kapitel „Weiher, Teich und Tümpel". Mit welchen Tricks die Tiere hier ihre Stellung in der Gesellschaft sichern, zeigt sich unter „Tierleben im Teich". In den Kapiteln „Tiere beobachten und fangen" und „Das Tümpelaquarium" erfahren Sie alles Wissenswerte zum Umgang und zur Beobachtung der faszinierenden Tiere. Hat der Teich mit seinen Darstellern auch Sie unweigerlich in den Bann gezogen, so finden Sie im Kapitel „Der naturnahe Gartenteich" schließlich Tipps und Tricks, wie auch Sie sich Ihr eigenes Königreich direkt vor die Haustür holen können.

Weiher, Teich und Tümpel

Die Lebensbedingungen in Weihern, Teichen und Tümpeln sind grundverschieden, so dass es für uns „Tümpler" durchaus lohnt, uns zu vergegenwärtigen, ob wir wirklich gerade an einem Tümpel tümpeln oder an einem Teich – und was war noch gleich ein Weiher?

Herbstliche Stimmung am Weiher

Weiher und Teich

Weiher, meist Überreste ehemaliger natürlicher Seen, sind mit Wassertiefen von bis zu 2 m Seen ohne Tiefe. Sie werden in ihrer ganzen Ausdehnung von Wasserpflanzen besiedelt. Ein Teich ist fast dasselbe wie ein Weiher: Er ist ebenso tief und in ihm finden wir dieselben Pflanzen und Tiere. Einziger Unterschied: Er ist von Menschenhand geschaffen (z. B. durch Aufschüttung von Dämmen in einem Bachlauf) und kann jederzeit wieder abgelassen werden. Der enorme Reichtum an Wasserpflanzen in Weihern und Teichen schafft die Lebensgrundlage für ein vielfältiges Tierleben. Weiher und Teiche sind mit Abstand die artenreichsten Gewässer unserer Heimat.

Tümpel

Tümpel hingegen sind nur periodische Gewässer, die regelmäßig austrocknen. Meist sind sie nur bis zu 50 cm tief und frieren im Winter bis auf den Grund zu. Die Wassertemperaturen schwanken aufgrund der geringen Wassertiefe erheblich. So kann das Wasser morgens noch 2–3 °C kühl sein, nachmittags schon 30 °C messen. Unter solchen Bedingungen können keine echten Wasserpflanzen, sondern nur Landpflanzen wachsen, denen gelegentliche Überschwemmungen nichts ausmachen.
Im Tümpel leben deutlich weniger Tierarten als in Teich und Weiher. Charaktertiere sind Kleinkrebse wie Wasserflöhe (siehe Seite 56) und Hüpferlinge (siehe Seite 55). Im Sommer vermehren sie sich oftmals explosionsartig, den Winter überstehen sie als Dauereier oder gut geschützt in kleinen „Überlebenspanzern“. Flugfähige Insekten besiedeln Tümpel nur zeitweise: Versickert das Wasser, verlassen sie ihn wieder. Unter den Lurchen profitieren Rot- und Gelbbauchunken sowie Kammmolche von den sich bereits früh im Jahr erwärmenden Tümpeln und pflanzen sich hier fort.

Tümpel der Elbauen: Lebensraum für Unken

Lebensbedingungen in Teich und Weiher

Da Weiher und Teiche flache Gewässer sind, durchdringt das Sonnenlicht die gesamte Wassertiefe. Es schafft die Grundlage für ein reiches Pflanzenwachstum. Begünstigt wird das üppige Grün noch durch die meist reichlich vorhandenen Nährstoffe.
Durch die geringe Tiefe schwanken die Wassertemperaturen relativ stark und damit einher gehend verändert sich auch der Sauerstoffgehalt des Wassers. Generell ist kühles Wasser sauerstoffreicher als warmes. Dennoch kann es im Hochsommer sehr sauerstoffreich sein, wenn viele untergetauchte Pflanzen darin wachsen, die fortlaufend Sauerstoff produzieren. Der üppige Pflanzenwuchs führt am Gewässergrund zur Anhäufung dicker Schichten abgestorbener Pflanzenteile. Bakterien bauen diese im Sommer rasch ab und die Nährstoffe reichern sich über dem Bodenschlamm an. Erst wenn in kühlen Sommernächten der Wasserkörper umgewälzt wird, verteilen sich die Nährstoffe über den gesamten Teich/Weiher. Jetzt kann sich das pflanzliche Plankton massenhaft entwickeln und das Wasser färbt sich grün („Wasserblüten“). Im Herbst ändern sich die Verhältnisse in Teich und Weiher: Die Pflanzen verrotten und sinken zu Boden, wo Bakterien sie zersetzen. Da die Unterwasserpflanzen kaum noch Sauerstoff produzieren, sinkt sein Gehalt auf den Tiefststand des Jahres.

Der Stoffkreislauf im Wasser

Was die Pflanzen im Wasser an organischer Materie produzieren, wird von Vegetariern wie kleinen Krebsen und Käfern verspeist. Diese wiederum werden von meist größeren Tieren wie Insektenlarven und Fischen gefressen. Am Ende dieser „Nahrungskette“ stehen räuberische Fische wie Flussbarsch und Hecht. Andere Teichbewohner wie Wasserasseln, manche Schnecken und Würmer beseitigen Aas oder faulende Pflanzen. Am Grund bauen Mikroorganismen wie Pilze und Bakterien die restliche tote Materie von Tieren und Pflanzen ab. In einem Teich, der zur Selbstreinigung fähig ist, befinden sich die oben genannten Pflanzen, Tiere und Mikroorganismen im ökologischen Gleichgewicht. Hohe Nährstoffeinträge, z. B. durch eingeschwemmte

Phosphate aus überdüngten Äckern, Wiesen oder Gärten, stören dieses Gleichgewicht („Eutrophierung"). Das Gewässer „kippt" um und kommt als Lebensraum für viele in diesem Buch beschriebene Arten nicht mehr in Frage.

Pflanzen in Teich und Weiher

Nähert man sich vom Land aus der freien Wasserfläche eines Teichs oder Weihers, so trifft man immer wieder auf dieselbe Zonierung bestimmter Pflanzen:
Der **Uferrand** mit Seggen und blütenprächtigen Stauden bildet den Übergang zwischen Land- und Wasserbiotop.
Wasserwärts schließt sich die Röhrichtzone im **Seichtwasser** mit dem häufig dominanten Schilf oder Rohrkolben an.
Ab einer Wassertiefe von etwa 50 cm beginnt die Zone der **Schwimmblattpflanzen**. Viele Arten wie die beliebten und dekorativen Seerosen wurzeln noch im Gewässergrund, ihre Blätter liegen aber auf der Wasseroberfläche.
Am weitesten ins offene Wasser wagen sich kleine, komplett untergetaucht lebende Pflanzen der **Unterwasserzone**. Wasserpest oder Hornblatt strecken höchstens noch ihre Blütenstände aus dem Wasser heraus.
Im **Freiwasserbereich** leben viele, mikroskopisch kleine Pflänzchen, die im Wasser schweben und pflanzliches Plankton genannt werden. Tierische, im Wasser schwebende Kleinstlebewesen wie Rädertierchen, Wasserflöhe und Hüpferlinge bilden das tierische Plankton.

Tiere in Teich und Weiher

Nicht nur unter den Pflanzen, sondern auch unter den tierischen Teichbewohnern lassen sich gewisse Zonierungen innerhalb des Gewässers erkennen:
Auf der Wasseroberfläche jagen Wasserläufer und Taumelkäfer, Schlammschnecken weiden

Am Uferrand (links unten) tummelt sich ein reiches Tierleben.

Mikroorganismen auf seiner Ober- und Unterseite ab.
An Stängeln und Blättern der Wasserpflanzen gehen Schnecken (z. B. Posthornschnecke, Foto oben), räuberische Süßwasserpolypen und Egel auf Nahrungssuche.
Reich an Arten und Individuen ist die Lebensgemeinschaft, die sich im Gewirr der Wasserpflanzen tummelt: Hier leben Schwimmkäfer, Ruderwanzen, Rückenschwimmer und die Larven vieler Insekten.
Frei im Wasser schwimmen Kleinkrebse wie Wasserflöhe und Hüpferlinge.
Auch am Gewässergrund leben Pflanzen fressende und räuberische Tiere wie Libellenlarven, Röhrenwürmer, Muscheln und Fische, etwa die Karausche und der Gründling.

Mit dem bloßen Auge nicht sichtbar: Frei schwebende Mikroorganismen

Tierleben im Teich

Ein sonniger Sommertag, schillernde Libellen ergötzen uns mit ihren einzigartigen Flugmanövern über dem Teich. Doch was ist das? Am schlammigen Teichgrund schnappt sich ein hässliches Etwas einen jungen Stichling. Das war die Larve der Libelle. Kriecht sie dann in den ersten Stunden eines Frühlingsmorgens an einem Pflanzenstängel empor, um sich (endlich) zum dekorativen Flugkünstler zu häuten, freuen sich schon zahlreiche Tiere auf ihr nahendes Frühstück ...

Auf Insektenfang im Schilf: die Rohrammer

Jedem Tier seine Nische

... Listspinne, Teichrohrsänger und Rohrammer sind zum Angriff bereit. Doch die Rohrammer überlegt es sich anders. Sie schnappt sich die fette Spinne. Ein Frosch platscht auf ein Seerosenblatt und verscheucht die Vögel. Nun kann die Libelle unbesorgt aus ihrem Larvenpanzer kriechen. Frisch geschlüpft und noch flugunsicher lässt sie ihre eben entfalteten Flügel in der Morgensonne trocknen, langsam beginnt sie sich bunt zu färben. Da kommt der Frosch und – schwupp – ist die Libelle im breiten Froschmaul verschwunden. Und die Moral? Es gibt einfach keine. Weder Gut noch Böse, nicht arglistig oder habgierig, die Tiere im Teich leben – wie überall in der Natur – zusammen, wie es sich im Lauf der Evolutionsgeschichte bewährt hat. Jeder hat seine ganz bestimmte „Ökologische Nische", was nicht nur bedeutet, dass ein Tier hier zu Hause ist. Es beinhaltet viel mehr als das. Zum Beispiel, wann es sich wo aufhält und was es zu welchem Zeitpunkt frisst. Denn darin gleicht es keiner anderen Art. In irgendwelchen Punkten müssen sich selbst sehr ähnliche Arten voneinander unterscheiden, sonst würden sie sich zweifelsohne Konkurrenz machen und die eine oder die andere Art müsste früher oder später aussterben. Jedes Lebewesen füllt einfach eine ganz bestimmte „Lücke" aus. Auf der Suche nach weiteren „Lücken" sind Tiere, aber auch Pflanzen, äußerst findig, denn jeder ist bestrebt, sich fortzupflanzen und so den Erhalt seiner Art zu sichern.

So erklären sich die zum Teil geradezu unglaublichen und mannigfaltigen Anpassungen, bei denen man sich fragen könnte: Wozu so viel Aufwand? Warum z. B. machen sich Libellen „die Mühe", sich von der im Wasser lebenden Larve in ein Fluginsekt zu verwandeln? Es wäre doch denkbar, dass die Larve im Wasser geschlechtsreif wird, sich fortpflanzt und Eier ablegt, aus denen wieder kleine im Wasser lebende Libellen schlüpfen. Mit der mühsamen und

Räuber über und unter Wasser: Listspinne (oben) und Libellenlarve

auch Gefahr bringenden Verwandlung gehen ganz offensichtlich erhebliche Vorteile einher. So konkurrieren Larve und das erwachsene Tier nicht um dieselbe Nahrung. Außerdem können erwachsene Libellen durch ihre Flugfähigkeit neue Lebensräume erobern, was bei einem Austrocknen ihres Wohngewässers von Vorteil ist. Oder sie können abwandern, wenn es zu viele Libellen an einem Teich gibt und damit die Konkurrenz um Reviere und Beute zu groß wird. Auch die verblüffenden Tricks, mit denen sich ursprüngliche Landbewohner wie Wanzen, Käfer und Spinnen den Lebensraum Wasser erschlossen haben, sind als Ausnutzung jeder auffindbaren ökologischen Nische und dem Bestreben zu überleben zu verstehen.

Mit Tauchboot, Schwimmweste und Schnorchel

Im Prinzip gibt es zwei Möglichkeiten, unter Wasser nicht zu ersticken: Entweder man hat Kiemen und kann so den im Wasser gelösten Sauerstoff herausfiltern, wie Fische das tun (und viele im Wasser lebende Insektenlarven), oder man kann das nicht und muss zum Luftholen an die Wasseroberfläche kommen. Dazwischen gibt es ein paar recht raffinierte Lösungen, die einige Wanzen, Käfer und Spinnen, die vom Land- zum Wasserleben übergegangen sind, entwickelt haben. Sie leben nun zwar unter Wasser, sind aber wegen fehlender Kiemen nicht in der Lage, den hier gelösten Sauerstoff zu nutzen. Wer nicht ständig zum Atmen zur Wasseroberfläche auftauchen will (wo zahlreiche Räuber lauern), muss sich etwas einfallen lassen.
Da wäre z. B. der Trick mit dem Schnorchel, den wir bei Wasserskorpion und Stabwanze abgeguckt haben. Allerdings sind ihre Schnorchel fest am Hinterleib montiert. Strecken sie ihn aus dem Wasser, saugen sie Luft in ihr verzweigtes System feinster Atemröhrchen (Tracheen). Weniger elegant lösen Ruderwanzen

Trickreich: Der Wasserskorpion besitzt am Hinterende einen Schnorchel.

das Problem mit dem Sauerstoff: In ihrem dichten Haarfilz schleppen sie soviel Luft mit sich herum (leicht zu erkennen am silbrigen Glanz), dass sie ständig leichter sind als das Wasser, in dem sie schwimmen. So müssen sie sich immer irgendwo festhalten, um nicht an die Oberfläche zu treiben. Etwas besser ergeht es dem nah verwandten Rückenschwimmer: Er transportiert seinen Luftvorrat auf der Bauchseite. Das ermöglicht ihm lange Tauchgänge – allerdings nur in Rückenlage.
Einfacher macht es sich der Schilfkäfer: Seine Larven zapfen hohle Seerosenstängel an, um an den begehrten Luftsauerstoff zu gelangen. Dazu bohren sie mit zwei eigens hierfür vorge-

Der Rückenschwimmer kann nur auf dem Rücken schwimmen.

sehenen, hakenförmigen Fortsätzen an ihrem Hinterleib Löcher in das Luftröhrensystem der Wasserpflanzen.
Der Gelbrandkäfer muss zum Luftschöpfen extra nach oben schwimmen, hier hängt er sich mit der Spitze seines Hinterleibes an die Wasseroberfläche. So kann Luft in seine hinteren, auf dem Rücken befindlichen Atemöffnungen strömen, von wo aus sie sich im ganzen Körper verteilt. Um die Sauerstoffversorgung ihrer Nachkommenschaft zu sichern, bohren Gelbrandkäfer und einige Libellen ihre Eier in die Stängel von Wasserpflanzen. In unmittelbarer Nähe der Luftkanäle sind Eier und schlüpfende Larven gleichzeitig vor Fressfeinden sicher.
Den Trick mit dem Tauchboot hat übrigens nicht der Mensch erfunden, sondern die Wasserspinne. Zwar lebt sie unter Wasser, benötigt zum Fressen, zur Fortpflanzung und zur Aufzucht ihrer Jungspinnen aber atmosphärische Luft. So baut sie sich unter Wasser gleich mehrere luftgefüllte Wohnglocken, in denen sie lebt wie in U-Booten: Eins zum Fressen, eins zur Paarung und ein anderes zur Aufzucht der Jungspinnen. Von Zeit zu Zeit erneuert sie den Luftvorrat in den Tauchglocken, indem sie Luftblasen unter Wasser zieht.
Auch Schlamm- oder Tellerschnecken, die zum Atmen Lungen ausgebildet haben, müssen zum Luftholen regelmäßig an die Wasseroberfläche kommen und zwar umso öfter, je sauerstoffärmer das Wasser ist. Das ist zwar im Vergleich zu den Kiemen tragenden Wasserschnecken recht umständlich, hat aber den Vorteil, dass solche sauerstoffarmen Gewässer

Einmal volltanken: Gelbrandkäfer beim Luftholen am Wasserspiegel

überhaupt besiedelt werden können. Eine große Besonderheit ist bei den Tellerschnecken die durch den Blutfarbstoff Hämoglobin hervorgerufene Rotfärbung des Blutes: Durch ihn kann das Blut weit mehr Sauerstoff speichern, so dass Tellerschnecken seltener zum Luftholen an die Oberfläche müssen als die im gleichen Gewässer lebenden Schlammschnecken. Hämoglobinähnliche Blutfarbstoffe haben auch schlammbewohnende Würmer wie der rot gefärbte Schlamm-Röhrenwurm für sich entdeckt. So können sie selbst geringe Sauerstoffmengen im Wasser nutzen, was für ein Leben am sauerstoffarmen Teichgrund nicht unerheblich ist.

Der Trick mit der Schwimmweste

Fast alle Wasserkäfer speichern Luftvorräte unter ihren Flügeldecken. Dieser mitgeführte Sauerstoff dient aber nicht allein als Vorrat für die Atmung, vielmehr erfüllt er die Funktion einer Schwimmweste. Durch sie ist der Käfer etwas leichter als das umgebende Wasser. Hört er auf, sich zu bewegen oder sich festzuhalten, so trägt ihn seine Schwimmweste automatisch zur Wasseroberfläche, wo er nicht ersticken kann. Die luftgefüllte Schwimmweste hilft ihm aber auch „im Alltag“, seine Lage im Wasser zu stabilisieren.

Tiere beobachten und fangen

Wer die Teichbewohner kennen lernen will, der setzt sich zunächst am besten mit Muße und wachen Sinnen still ans Ufer und beobachtet. Es ist wirklich faszinierend, was für Lebensdramen im Kleinen sich da vor uns abspielen. Wie die Tiere sich fortbewegen, wohin sie bei Gefahr fliehen, was sie fressen und wie sie sich paaren hilft uns dabei, sie richtig kennen zu lernen, zu bestimmen und ein Verständnis für die ökologischen Zusammenhänge am Teich zu entwickeln.

Auf Entdeckungsreise am Wasserrand: Kinder lieben Teich-Safaris

Exkursionen zum Teich

Nicht vergessen sollten wir eine frühmorgendliche Exkursion an den Teich, etwa zum Sonnenaufgang. Dann kauern die Hauptdarsteller der Mittagszeit wie Wasserläufer und Libellen noch starr und kühl zwischen den Pflanzen, und an Schilfstängeln lässt sich das Wunder der Verwandlung von der Larve zur flugfähigen Libelle beobachten. Besondere Erlebnisse verspricht auch ein nächtlicher Spaziergang an ein möglichst klares Gewässer. Mit etwas Glück hören wir schon von weitem das unvergessliche Konzert singender Laubfrösche und mit einer starken Taschenlampe lassen sich nachtaktive Tiere im Teich beobachten.

Beobachtungstipp: Tauchgänge am Teich

Um unter Wasser lebende Tiere vor Ort beobachten zu können, probieren Sie doch einmal Folgendes: Entfernen Sie den Boden aus einer Holz- oder Plastikkiste und ersetzen ihn durch eine Glasplatte (z. B. von einem ausrangierten Bilder-Wechselrahmen). Diese „Beobachtungskiste" legen Sie auf die Wasseroberfläche. Nun können Sie in Ruhe am Geschehen unter Wasser teilhaben. Tauch„gänge" im wahrsten Sinne des Wortes lassen sich im Flachwasserbereich auch mit (langen) Gummistiefeln, Taucherbrille und Schnorchel veranstalten. Es sieht nicht sehr gut aus, aber es gibt ja auch abgelegenere Gewässer.

Mit Küchensieb und Kescher

Das oberste Gebot zum Fang von Tieren hat Prof. Dr. Wolfgang Engelhardt, der „Papst" unter den Tümplern, formuliert: **„Zuerst schauen, dann nochmals schauen und dann erst fangen!"** Wer wild und ziellos „drauflos keschert", verjagt damit bloß die Tiere und macht außerdem viel kaputt.
Die zum Tümpeln benötigte Ausrüstung finden Sie größtenteils in der Küche: Wichtigstes Werkzeug zum Fang von Tieren ist das Haus-

Beobachtungstipp:
Wenn Sie die Ufervegetation sorgfältig absuchen (am Besten von der Wasserseite aus!), finden Sie dabei mit Sicherheit zahlreiche Larvenhäute (Exuvien) von geschlüpften Libellen. Die Exuvien sehen so „echt" und lebendig aus, dass man sie kaum anfassen und absammeln mag. Sie bieten aber eine willkommene Möglichkeit, den Körperbau von Libellenlarven genauer zu studieren, ohne die unter Schutz stehenden Tiere dabei zu schädigen. Diese Überreste der Larven sind der sichere Nachweis, dass in unserem Teich die Libellen nicht nur „zugeflogen", sondern tatsächlich hier geschlüpft sind.

Im Mini-Aquarium lassen sich Tiere gut beobachten.

haltssieb. Es ist ein engmaschiges Drahtsieb (Maschenweite um 1 mm) mit etwa 15 cm Öffnungsdurchmesser. Den Topf-Haltehaken kneifen Sie ab, er behindert nur. Um auch in größeren Tiefen keschern zu können, montieren Sie einen längeren Stock mit Paketklebeband am Griff.

Größere oder schnellere Tiere erbeuten Sie mit einem Netzkescher. Damit Sie auch den Gewässerboden abstreifen können, sollte er nicht rund sein, sondern dreieckig! Als Seitenlänge wählt man etwa 25 cm. Der Bügel, an dem das Netz befestigt ist, muss aus starkem Metall (rostfrei!) sein, sonst verbiegt er beim schnellen Durchstreifen des Wassers und der Wasserpflanzen. Der Netzbeutel lässt sich leicht aus einem Rest Gardinenstoff oder Mückennetz (Maschenweite um 1 mm) nähen. Er sollte 30–40 cm lang sein.

Ein Esslöffel hat sich bewährt, um empfindliche Tiere einzeln aus seichtem Wasser zu heben. Mit einem Tuschpinsel werden weichhäutige Larven herausgenommen. Der angefeuchtete Pinsel wird vorsichtig unter die Tiere

Zum Naturschutz

Viele der in diesem Buch beschriebenen Tiere und Pflanzen gelten heute bei uns als gefährdet und sind daher besonders schützenswert. Hierzu zählen beispielsweise die Wasserspinne, alle Libellen und ihre Larven sowie Frösche mit ihren Kaulquappen. Diese Tiere stehen unter einem besonderen Schutz, der jegliche Beunruhigung, den Fang und das Halten in Aquarien verbietet. So gesehen ist heute das Aquarium im Schulunterricht mit Kaulquappen der Erdkröte eine Straftat (es sei denn, man besitzt eine Ausnahmegenehmigung). So gut gemeint der Gesetzesschutz für diese Tiere ist, so wenig kann er doch für den Erhalt der Arten tun. Denn außer dem Medizinischen Blutegel ist kaum eine Art unserer Süßgewässer durch direkte Nachstellung bedroht. Die wirkliche Gefahr liegt auch heute noch in der fortlaufenden Zerstörung, Ausräumung und Verschmutzung ihrer Wohngewässer. Jedoch gelten die strengen Schutzbestimmungen ausdrücklich nicht bei der so genannten ordnungsgemäßen land-, forst- und fischereiwirtschaftlichen Nutzung, was bedeutet, dass die einzige wirkliche Gefährdungsursache gar nicht mit erfasst wird. Konkret kann das bedeuten, dass der Froschlaich, den die Schulkinder nicht mit in den Unterricht nehmen durften, wenige Tage später mit dem Bagger ausgeräumt wird und an Land vertrocknet. Unklar bleibt dabei die Frage, wie kommende Generationen denn eine Kaulquappe von einer Insektenlarve unterscheiden lernen, wenn sie diese niemals beobachten durften.

Von stechenden und beißenden Tieren

Wie die Autoren zu Beginn ihrer eigenen „Tümplerkarriere“ im ungeplanten Eigenexperiment erfahren durften, gibt es Tiere, die ganz harmlos aussehen, es aber nicht sind (das Umgekehrte gilt übrigens auch). Machen Sie sich beim Tümpeln also darauf gefasst, dass Ihnen die riesenhaften, pfeilschnell über dem Wasser jagenden Libellen wirklich nichts tun, dafür aber die niedlichen, kleinen Rückenschwimmer, die Sie gerade ahnungslos in die Hand nehmen. Das sind nämlich Wanzen, die wirklich ganz fies und noch dazu heimlich stechen, weil ihr Stechrüssel ganz patent unter den Körper geklappt wird. Halten Sie also einfach respektvollen Abstand zu den Tieren, die Sie ja erst kennen lernen wollen – und freuen Sie sich, wenn dabei eine Libelle auf Ihrer Schulter Platz nimmt, um bei Ihrem ruhigen Tun zuzusehen.

geschoben und in einen wassergefüllten Sammelbehälter getunkt.
Nun brauchen wir nur noch einige Plastikbehältnisse, um die Tiere zu sichten und zu sortieren (räuberische Tiere in Einzelhaft). Gut zum Sichten ist eine flache, weiße Schale (leere Speiseeispackung, Fotoschale oder Ähnliches). Zum genaueren Betrachten ist eine 10fache Lupe von großem Nutzen. Die Tiere überführen Sie dazu in möglichst dünnwandige Gläser (sonst ist die Verzerrung zu stark). Wer gekescherte Tiere mit nach Hause nehmen möchte, sollte natürlich die geltenden Naturschutzbestimmungen beachten.
Nach dem Bestimmen und Betrachten setzen Sie die Tiere wieder behutsam in ihren Lebensraum zurück.

Sammeltipp:

Ergiebig ist häufig das Absammeln von im Wasser liegenden Steinen, Ästen oder abgestorbenen Pflanzenteilen. Hier halten sich häufig Schnecken, Plattwürmer, Wasserasseln und manchmal auch Wasserkäfer fest. Die Bewohner des Bodenschlamms findet man, indem man den Schlamm durchsiebt, geflügelte Tiere, wenn man mit dem Kescher die Ufervegetation abstreift. Wer einen eigenen Naturteich besitzt, kann Auslichtungsaktionen dazu nutzen, ganze Büschel von Wasserpflanzen in einem hellen, wassergefüllten Eimer zu verfrachten. Dabei werden oftmals ganze Heerscharen von Tierchen ausgespült.

Tiere im Teich: Köcherfliegenlarve (links) und Spitzschlammschnecke

Das Tümpelaquarium

Ein Tümpelaquarium bietet uns vielfältige Möglichkeiten, die Unterwasserwelt ausführlich kennen zu lernen. Hier können Sie in Ruhe beobachten, wo sich die Tiere aufhalten, wie sie sich bewegen, wer wen frisst und vielleicht sogar, wie sich die Tiere paaren und Eier ablegen.

Muscheln reinigen das Wasser im Tümpelaquarium.

Anlage und Standort

Ein Tümpelaquarium ist sehr viel einfacher einzurichten als ein aufwändiges Zierfischbecken. Als Gefäße eignen sich verschiedene Boxen aus durchsichtigem Plastik. Klarer sieht, wer sich ein kleines Glasaquarium zulegt. Der ideale Standort ist ein Raum, der im Sommer ausreichend kühl bleibt und im Winter höchstens schwach beheizt wird. Das Aquarium sollte nicht dem direkten Sonnenlicht ausgesetzt sein, weil sich sonst Algen zu stark vermehren. Licht ist allerdings für das Wachstum höherer Pflanzen erforderlich, gut ist somit ein (halb)schattiger Fensterplatz. Die Temperatur im Aquarium sollte 18 °C auch im Sommer nicht überschreiten (abschatten, evtl. kühles Wasser oder Eiswürfel zugeben).

Als Boden eignet sich am besten gewaschener Sand oder Kies. Als Wasser nehmen Sie Teichwasser und füllen es einfach mit Leitungswasser auf.

Tipps für das Tümpelaquarium

- Den meisten Teichbewohnern genügt ein gut bepflanztes Becken (geeignet sind unempfindliche, stark wüchsige Arten wie Wasserpest oder Tausendblatt) ohne technisches Zubehör. Viele Krebse, Insekten und ihre Larven sind für eine zusätzliche Belüftung allerdings dankbar und dann auch etwas lebendiger.
- Wichtig ist eine Glasscheibe als Abdeckung, damit flugfähige Arten wie Wasserkäfer keine Ausflüge unternehmen.
- Da etliche Insassen, wie z. B. die Larven der Köcherfliegen, zur Verwandlung aus dem Wasser klettern, sollten im Tümpelaquarium unbedingt einige Äste aus dem Wasser ragen! Oder Sie pflanzen etwas Schilf in den hinteren Teil des Aquariums.
- Da viele Arten sich untereinander nicht vertragen, sollten niemals zu viele Tiere gleichzeitig eingesetzt werden.
- Als Futter sind Futtertabletten oder gefrorene Mückenlarven und Wasserflöhe geeignet (alles im Aquarienbedarf erhältlich).
- Geschlüpfte Tiere müssen regelmäßig in Freiheit entlassen werden. Wenn Sie verreisen, können Sie das Aquarium nach draußen stellen (Glasplatte abnehmen).

Der naturnahe Gartenteich

Unter einem naturnahen Teich oder Naturteich verstehen wir einen Teich, der eine möglichst natürliche Zonierung mit dazugehörenden Uferrand, Flachwasser- und Freiwasserzone aufweist (siehe dazu Seite 9) und in dem heimische Pflanzen wachsen.

Ein naturnaher Gartenteich mit üppigem Grün

Gartenteiche als Ersatz-Biotope

Gründe, die für einen naturnahen Gartenteich sprechen, gibt es zahlreiche. Es gibt kaum ein dekorativeres Gestaltungselement als einen Teich, in dem es flattert, zirpt und pfeift und über dem Libellen schwirren. Und wo sonst in der Natur gibt es die Möglichkeit, auf so kleinem Raum derartig viele verschiedene Tiere zu beobachten? Zugleich dient der Naturteich als Oase der Ruhe und als idealer Ort, um Kindern spielerisch die Zusammenhänge in der Natur zu vermitteln und so „ganz nebenbei" Verantwortung und Liebe zur Natur beizubringen. Naturteiche in Gärten können zudem wertvolle Ersatzbiotope für die Abertausende von Tümpeln und Weihern sein, die in den vergangenen Jahrzehnten in unserer Landschaft vernichtet wurden. Mit ihnen verschwand in der freien Natur der Lebensraum für unzählige Tiere und Pflanzen.

Einen Naturteich anlegen

Wenn Sie einen Naturteich anlegen möchten, ziehen Sie bitte ein spezielles Buch über Bau und Anlage naturnaher Gartenteiche zu Rate.

Ganz wichtig: Die strukturierte Umgebung des Teiches

Naturgärtnereien bieten oftmals kostenlose Prospekte zur Anlage an und erteilen manch praktischen Rat. Hier erhalten Sie auch garantiert heimische Stauden für Ihren Teich.

Pflanzen und Tiere

Zur Bepflanzung eignen sich fast alle heimischen Wasser- und Sumpfpflanzen. Richten Sie aber ruhig eine vegetationsfreie Stelle am Ufer ein, die bald vielfältig genutzt wird: Libellen bevorzugen solche Plätze zum Sonnenbaden, Schmetterlinge und viele Gartenvögel nutzen sie als Trinkplätze. Uns selbst dient die Bucht dazu, das Leben im Wasser von nahem beobachten zu können. Auf Tiere braucht man einfach nur (kurz) zu warten! Kleinstlebewesen kommen mit dem Teichwasser hinein, der Rest passiert von selbst. Im Sommer dauert es oft nur wenige Stunden, bis die ersten Libellen und Wasserläufer herbeisausen.

Die Umgebung des Naturteichs

Die naturnahe Umgebung, in der Trockenmauern oder Steinhaufen, Reisighaufen, Totholz und auch liegen gelassenes Laub ihren Platz haben, ist für viele Tiere ebenso wichtig wie der Teich selbst. Denn viele Lurche und Wasserinsekten verbringen nur einen (oftmals geringen) Teil ihres Lebens im Wasser.

Was blüht im und am Wasser?

Wasser bedeutet Leben. Dies zeigt sich besonders augenfällig in der vielfältigen Pflanzenpracht, der wir an und in Teich und Tümpel begegnen. Je nach Nährstoff- und Lichtangebot variiert die Zusammensetzung der Arten natürlich von Standort zu Standort.
Am Ufer begegnen wir so blütenprächtigen Stauden wie dem Baldrian und Sumpfdotterblumen. Im seichten Wasser schließen sich häufig ausgedehnte, bis zu mannshohe Schilfröhrichte an, in denen auch Rohrkolben und Schwertlilien ihren Platz haben. Ab einer Wassertiefe von etwa 50 cm werden sie von See- und Teichrosen abgelöst, die ihre Blüten und Blätter auf dem Wasser schwimmen lassen. Schließlich gibt es noch die unauffälligen, reinen Unterwasserpflanzen wie Laichkraut und Tausendblatt, die höchstens ihre Blüten aus dem Wasser herausstrecken.

Pflanzen am Uferrand S. 24

Pflanzen im seichten Wasser S. 28

Schwimmblattpflanzen S. 32

Unterwasserpflanzen S. 36

Pflanzen am Uferrand

Am Ufer findet der Übergang vom Land- zum Wasserleben statt. Die hier wachsenden Pflanzen wurzeln im mal mehr, mal weniger trockenen Uferbereich, brauchen aber die Nähe zum Wasser. Sommertrockenheit und gelegentliche Überflutungen überstehen sie ohne Schaden: Ist der Sommer zu trocken, lassen sie ihre Wurzeln in Richtung Wasser wachsen, sind die Wasserstände unerwartet hoch, blühen einige Arten sogar unter Wasser.

Sumpfdotterblume
Caltha palustris

Merkmale Auffällige, 2–4 cm große Blüten mit 5 dottergelben Blütenblättern (Name); nierenförmige Blätter; bis zu 60 cm hoch. Blütezeit März bis Mai.

Vorkommen An Ufern, auf sumpfigen Wiesen, in Gräben und Auwäldern; erträgt auch Überflutungen.

Wissenswertes Die blütenbestäubenden Bienen und Fliegen werden vom süßen Nektar angelockt, der sich am Grund der Blütenblätter sammelt.

Scheinzyper-Segge
Carex pseudocyperus

Merkmale Schilfähnliches, hellgrünes Laub; dreikantiger Stängel; bis zu 15 cm lange, meist überhängende Blütenähren; wird 30–100 cm hoch. Blütezeit Mai bis Juni.

Vorkommen Bildet lockere Bestände am Ufer von Tümpeln und Gräben sowie in Auwäldern. In freier Natur nur zerstreut vorkommend, in naturnahen Gartenteichen häufig zu sehen.

Wissenswertes In Gewässernähe gibt es viele ähnlich aussehende Seggenarten (*Carex*). Die wenig empfindliche Scheinzyper-Segge eignet sich mit ihrem hübschen Laub gut für die Bepflanzung von Gartenteichen und Sumpfbeeten.

Wasserdost
Eupatorium cannabinum

Merkmale Lang blühende Wildstaude mit rosafarbenen Blütenständen; hanfartige Blätter; bis zu 1,5 m hoch. Blütezeit Juli bis September.

Vorkommen Häufige Uferpflanze, wächst auch im Halbschatten.

Wissenswertes Ein „Blütenschirm" misst etwa 20 cm und ist aus ungefähr 300 Blütenkörbchen zusammengesetzt.

Magnet für Schmetterlinge
Die Blüten des Wasserdostes sind für Insekten außerordentlich attraktiv. Fast immer kann man auf ihnen Schmetterlinge, Hummeln, Bienen und Schwebfliegen beobachten. Allein mehr als 40 Schmetterlingsarten saugen an seinem süßen Saft. Für viele unter ihnen wie dem schönen Kaisermantel ist der Dost die wichtigste Nahrungspflanze überhaupt. Weiterhin zählen dazu so prächtige Arten wie Tagpfauenauge, Admiral, Distelfalter und Kleiner Fuchs, die allerdings nur da vorkommen können, wo auch Brennnesseln wachsen dürfen. Denn diese sind Nahrungspflanzen für ihre Raupen.

Echtes Mädesüß
Filipendula ulmaria

Merkmale Bis zu 2 m hohe Staude („Wiesenkönigin"); nach Mandeln duftende, cremefarbene Blüten. Blütezeit Juni bis August.
Vorkommen Häufig im Verlandungsbereich stehender Gewässer, an Ufern, Gräben und Quellen, auf nassen Wiesen.
Wissenswertes Das Mädesüß ist eine reichhaltige Nektarpflanze für Bienen und in Feuchtgebieten wichtige Fraßpflanze für Schmetterlingsraupen aus der Familie der Nachtpfauenaugen und Eulen, aber auch die des Kaisermantels schätzen das wohlschmeckende Kraut.

Wolfstrapp
Lycopus europaeus

Merkmale Ähnelt auf den ersten Blick Brenn- oder Taubnesseln; winzige, weißliche Blüten in kugeligen Blütenständen; wird 20–80 cm hoch. Blütezeit Juli bis August.
Vorkommen An feuchten und nassen Ufern, besonders auf Sumpfwiesen.
Wissenswertes Der Name Wolfstrapp soll sich auf die Form der Zweigspitzen beziehen, die einem Wolfsfuß ähneln. Man braucht allerdings etwas Phantasie, um dies nachvollziehen zu können.

Pfennigkraut
Lysimachia nummularia

Merkmale Goldgelbe, bis zu 2,5 cm große Blüten; rundliche Blätter (Name); kriechender Wuchs. Blütezeit Mai bis Juli.
Vorkommen Wächst in kleinen, teppichartigen Beständen an Ufern, auf feuchten Wiesen.
Wissenswertes Das Pfennigkraut vermehrt sich hauptsächlich durch Ausläufer. In Gärten wird es daher als Bodendecker genutzt. Früher schrieb man dieser Pflanze Heilkräfte zu.

Gemeiner Gilbweiderich
Lysimachia vulgaris

Merkmale Goldgelbe, bis zu 2,5 cm große Blüten; längliche Blätter; 60–120 cm hoch. Blütezeit Juni bis August.
Vorkommen Häufig im uferbegleitenden Gebüsch, in Auwäldern und auf Sumpfwiesen.
Wissenswertes Typischer Bodenfestiger mit bis zu metertiefen Wurzeln. Für Schmetterlingsraupen aus den Familien der Bärenspinner und Eulen ist er eine wichtige Nahrungspflanze.
Ähnliche Art Der **Punktierte Gilbweiderich** (*L. punctata*) mit den rot punktierten Blüten (Name!) ist eine beliebte Zierpflanze in Bauerngärten, die vielerorts verwildert.

Blut-Weiderich
Lythrum salicaria

Merkmale Pinkfarbene Blüten in langen Blütenkerzen; lange, lanzettliche Blätter; wird bis zu 2 m hoch. Blütezeit Juni bis September.
Vorkommen Weit verbreitet und meist häufig an Ufern, Bächen, Gräben und auf Sumpfwiesen.
Wissenswertes Der heimische Blut-Weiderich ist eine wichtige Bienenweide, Nektarpflanze für Schmetterlinge wie dem Zitronenfalter und Fraßpflanze für die Raupen des Kleinen Nachtpfauenauges. Daher sollte er im eigenen Garten gegenüber den zahlreichen Zuchtsorten bevorzugt werden.

Wasserminze
Mentha aquatica

Merkmale Blütenstand aus vielen kleinen, lilafarbenen oder weißen Blüten; aromatisch duftende Blätter; wird 20–80 cm hoch. Blütezeit Juli bis Oktober.
Vorkommen Bildet durch lange Ausläufer und Seitensprosse ausgedehnte Bestände auf nassen Standorten.
Wissenswertes Bei Berührung wird der intensive Minzegeruch frei. Aus einer Kreuzung zwischen der Wasserminze und der **Grünen Minze** (*M. spicata*) entstand 1696 in einem Arzneigarten in England die Pfefferminze. Auch die Blätter der Wasserminze eignen sich für leckere Tees. Für Schmetterlinge wie das Kleine Wiesenvögelchen und das Große Ochsenauge ist sie eine wichtige Nektarpflanze.

Sumpf-Vergissmeinnicht
Myosotis palustris

Merkmale Anfangs rötliche, später himmelblaue Blütentrauben; wird 20–80 cm hoch. Blütezeit Mai bis Juni.
Vorkommen Häufig im Uferbereich von Kleingewässern, auch auf sumpfigen Wiesen.
Wissenswertes Das Sumpf-Vergissmeinnicht ist eine Sammelbezeichnung verschiedener Kleinarten, die sich kaum voneinander unterscheiden. Sie ist die „Sumpfform" des bekannten und beliebten, in Gärten kultivierten Vergissmeinnichts und gilt als Nässezeiger.

Echter Baldrian
Valeriana officinalis

Merkmale Bis zu 1,5 m hohe Staude; kleine rosafarbene Blüten in einem schirmförmigen Blütenstand. Blütezeit Juni bis August.
Vorkommen Häufige Pflanze an sonnigen und halbschattigen Ufern von stehenden Gewässern, Flüssen und auf nassen Wiesen.
Wissenswertes Baldrian gilt schon seit alters als medizinisch wirksame Heilpflanze. Für mehr als 15 verschiedene Schmetterlingsarten, die bequem auf den breiten Blütenschirmen landen können, ist Baldrian eine beliebte Nektarpflanze. Auch der gefährdete Ulmen-Zipfelfalter saugt bevorzugt an ihm.

Pflanzen im seichten Wasser

Im Anschluss an die Uferzone finden wir in einer Wassertiefe bis zu etwa 50 cm solche Pflanzen, die ständig nasse Füße haben mögen und somit im seichten Gewässergrund wurzeln. Sie verfestigen diesen mit ihrem Wurzelwerk und sorgen so dafür, dass aus sumpfigen Bereichen nach und nach Land wird, ein Prozess, der als „Verlandung“ bezeichnet wird. Dominant ist hier das bis zu mannshohe Schilf, nach dem dieser Bereich auch „Röhricht-Zone“ heißt.

Gemeiner Froschlöffel
Alisma plantago-aquatica

Merkmale Löffelförmige Blätter, bandförmige Unterwasserblätter; weiße bis rosa Blüten; wird bis 1 m hoch. Blütezeit Mai bis Oktober.

Vorkommen Sehr verbreitet in ruhigen Stillgewässern; braucht viel Sonne.

Wissenswertes Der Froschlöffel ist eine Giftpflanze! Seine Blätter enthalten einen brennend scharfen Saft. Die Blätter entspringen einem knollig verdickten Wurzelstock.

Schwanenblume
Butomus umbellatus

Merkmale Auffällig; rosafarbene Blütendolde an bis zu 1,5 m hohen Blütenstängeln; grasartige Blätter. Blütezeit Juni bis August.

Vorkommen An sonnigen Ufern, in Wassertiefen von 20–30 cm. Vielerorts selten; wo sie vorkommt, bildet sie kleinere Bestände. Blüht nicht im Schatten.

Wissenswertes Häufig wird sie durch konkurrenzstärkere Röhrichtpflanzen wie Schilf und Rohrkolben beschattet oder überwuchert.

Gemeine Sumpfbinse
Eleocharis palustris

Merkmale 10–60 cm lange Stängel; unscheinbare Blüten. Blütezeit Mai bis August.

Vorkommen Häufig im nährstoffreichen Wasser von Ufern, Röhrichten und Sumpfwiesen.

Wissenswertes Wer auf dem Weg zum nächsten Tümpel über eine binsenbewachsene Wiese wandert, bekommt ohne Gummistiefel garantiert nasse Füße. Binsen sind ein Zeiger für stehendes Wasser.

Teich-Schachtelhalm
Equisetum fluviatile

Merkmale Hohle, unverzweigte Sprosse aus ineinandergesteckten Gliedern; Sporen tragende Ähre am Sprossende; wird bis zu 2 m hoch. Blütezeit Mai bis Juni.
Vorkommen Weit verbreitet; bildet am Rand von Teichen oft große Bestände.
Wissenswertes Schachtelhalme sind keine Blütenpflanzen, sondern zählen zu den Farnen. Unsere heutigen Schachtelhalme bilden den Ausklang einer einst äußerst reich entwickelten Pflanzengruppe: So waren große Teile Europas und Sibiriens vor etwa 300 Millionen Jahren von Wäldern aus bis zu 10 m hohen, armdicken Schachtelhalmen bedeckt! Außer in der Größe hat sich die Gestalt bis heute nicht nennenswert verändert.

Tannenwedel
Hippuris vulgaris

Merkmale Bis 2 m lange Stängel mit nadelförmigen Blättern über der Wasseroberfläche; unscheinbare Blüten. Blütezeit Mai bis August.
Vorkommen Bildet im eher kühlen Wasser flacher, stehender oder langsam fließender Gewässer rasch größere Bestände.
Wissenswertes Erinnert an einen aus dem Wasser ragenden Tannenzweig. Diese Pflanze ist so unempfindlich gegen Kälte, dass sie bis in die Arktis hinein vorkommt. Die Alaska-Eskimos schätzen die jungen Sprosse des Tannenwedels als Wildgemüse.

Sumpf-Wasserfeder
Hottonia palustris

Merkmale Zierlich; meterlange Stängel mit feinen, untergetauchten Blättern; Blütentraube aus 3–10 rosafarbenen Blüten. Blütezeit Mai bis Juni. Geschützte Art.
Vorkommen Selten, aber meist zu mehreren in nährstoffreichen stehenden oder langsam fließenden Gewässern mit schlammigen Böden.
Wissenswertes Sie gehört wie Schlüsselblumen und Alpenveilchen zu den Primelgewächsen, ist aber die einzige Art dieser Familie, die sich den Lebensraum Wasser erobert hat.

Sumpf-Schwertlilie
Iris pseudacorus

Merkmale Dekorative, dichte Horste aus schwertförmigen Blättern (Name!) und großen, sattgelben Blüten; bis zu 1,5 m hoch. Blütezeit Mai bis Juni.
Vorkommen An sumpfigen Ufern stehender und langsam fließender Gewässer, auch in Auwäldern; bildet kleine, dichte Bestände.
Wissenswertes Die gesamte Pflanze ist äußerst giftig; ein scharf schmeckendes Glykosid ruft schwere Magen-Darm-Beschwerden hervor. Sie wird von Insekten bestäubt. Dabei weisen dunkle Adern auf den gelben Blütenblättern Hummeln, Bienen und Schwebfliegen den Weg zum Nektar im Blüteninneren.

Fieberklee
Menyanthes trifoliata

Merkmale Weiße bis zartrosa Blüten mit weißen Bärten in dichten Trauben; kleeartige Blätter; wird 15–30 cm hoch. Blütezeit Mai bis Juli.
Vorkommen An den Ufern mooriger, aber nicht allzu nährstoffarmer Gräben und Tümpel; ist bei uns selten geworden.
Wissenswertes Früher wurde die Pflanze als fiebersenkende Arznei verwendet (Name!). Seine Blätter enthalten den Bitterstoff Loganin („Bitterklee"). Fieberklee spielt heute noch eine Rolle bei der Herstellung eines als „Magenbitter" bekannten Likörs.

Gewöhnliches Schilf
Phragmites australis

Merkmale Bis zu 4 m hohes Ufergras; verholzende Stängel; graugrüne Blätter; bis über 40 cm lange Blütenrispen. Blütezeit Juli bis September.
Vorkommen Sehr häufig im Röhricht stehender oder langsam fließender, flacher Gewässer.
Wissenswertes Schilf bildet bis zu 10 m lange Wurzelausläufer und trägt entscheidend zur Verlandung und Uferbefestigung bei, indem er mit seinem Wurzelgeflecht den Boden festhält. Seine Halme werden vielseitig genutzt, z. B. als Reetdächer in Norddeutschland, für Rohrmatten, Gipsdecken und vieles mehr.

Pfeilkraut
Sagittaria sagittifolia

Merkmale Pfeilförmige Blätter über Wasser. Blütezeit Juni bis August.
Vorkommen Wärmeliebend; im lichten Röhricht an stehenden und langsam fließenden Gewässern.
Wissenswertes Die pfeilförmigen Blätter machen die Pflanze so unverwechselbar, dass sowohl ihr deutscher als auch ihr wissenschaftlicher Name (lat. sagitta = Pfeil) darauf hinweist. Im Herbst bildet sie an dünnen Ausläufern bis zu walnussgroße Knollen aus, die sehr stärkereich sind und der Überwinterung dienen. In China wird Pfeilkraut wegen dieser nussartig schmeckenden Knollen angebaut.

Ästiger Igelkolben
Sparganium erectum

Merkmale Bis zu 1,5 m hohe, steif aufrechte Blätter; kugelige Blütenstände. Blütezeit Juni bis September.
Vorkommen Bevorzugt lichte Stellen im Röhricht stehender oder langsam fließender Gewässer. Wärmeliebende, zerstreut vorkommende Art, die in raueren Klimazonen fehlt.
Wissenswertes Die Blütenstände bestehen aus weiblichen und männlichen Blüten: Die größeren weiblichen sehen wie kleine Morgensterne aus, die männlichen sind kugelig. Wenn die stachelig aussehenden Früchte (Name!) reifen, biegt sich der Stängel herab. Die Wurzeln reichern im Herbst Stärke an und dienten früher den Indianern als Nahrung.

Breitblättriger Rohrkolben
Typha latifolia

Merkmale Kräftige Pflanze mit typischen „Schilfzigarren"; wird bis zu 2 m hoch. Blütezeit Juli bis August.
Vorkommen Häufig im Röhricht, an Ufern und in Gräben sowie in Verlandungszonen.
Wissenswertes Die dicken, tiefbraunen Kolben sind die weiblichen Blüten, darüber befinden sich in einem schmalen, lockeren Kolben die männlichen Blüten. Dieser obere Teil des Kolbens fällt später ab. Da sich die dekorativen Rohrkolben auch in getrocknetem Zustand lange halten, werden sie gerne in Trockensträußen verarbeitet. Die Pflanze wird in nährstoffhaltigen Gewässern häufig zum Verlandungspionier, denn sie verfestigt mit ihrem reichhaltigen Wurzelwerk den Boden.

Schwimmblattpflanzen

Ab einer Wassertiefe von etwa 50 cm finden wir die typischen Wasserpflanzen wie Seerosen, deren Blüten und Blätter auf dem Wasser schwimmen. Die mächtigen Wurzelstöcke der See- und Teichrosen dienen hauptsächlich der Verankerung im Boden. Manche Arten wie Wassernuss, Wasserstern oder Krebsschere flottieren frei auf dem Wasser. Die benötigten Nährstoffe entnehmen ihre Blätter direkt dem Wasser.

Wasserstern
Callitriche-Arten

Merkmale Meist untergetaucht; kleine Schwimmblattrosetten; unscheinbare Blüten. Blütezeit April bis Oktober.
Vorkommen In kalkarmen, nährstoffreichen stehenden oder träge fließenden Gewässern.
Wissenswertes Einige ähnliche Wassersternarten fluten mit ihren Schwimmblättern wie kleine Polster auf dem Wasser.

Froschbiss
Hydrocharis morsus-ranae

Merkmale Runde Schwimmblätter; weiße Blüten. Blütezeit Mai bis August. Geschützte Art.
Vorkommen In windgeschützten, sonnigen Buchten stehender oder langsam fließender, nährstoffreicher und kalkarmer Gewässer.
Wissenswertes Die Blüten entfalten ihre Schönheit nur für einen einzigen Tag. Insekten bestäuben sie. Wenn eine Frucht reif ist, krümmt sich der Stiel und sie gelangt ins Wasser. Die Wurzeln hängen frei im Wasser.

Kleine Wasserlinse
Lemna minor

Merkmale Blattähnliche Schwimmgliedern, die oft ganze Wasseroberflächen wie ein grüner Teppich überziehen; unscheinbare Blüten. Blütezeit Mai bis Juni.
Vorkommen In windgeschützten Stillgewässern; vermehrt sich rasch in nährstoffreichem, warmen Wasser.
Wissenswertes Wasserlinsen werden durch Wasservögel verbreitet und stellen nahrhafte Futterpflanzen für sie dar. Sie ist die kleinste Blütenpflanze. Jedes Schwimmblatt ist eine einzelne Pflanze, deren Wurzel ins Wasser hängt.

Gelbe Teichrose, Mummel
Nuphar lutea

Merkmale Dottergelbe Blüten; Schwimmblätter, salatartige untergetauchte Blätter; Pflanzen wurzeln im Gewässergrund. Blütezeit Juni bis September. Geschützte Art.

Vorkommen Bildet oft größere Bestände mit der Weißen Seerose; wächst aber auch in langsamen Fließgewässern.

Wissenswertes Mit ihrer leuchtenden Blütenfarbe und ihrem intensiven Duft locken die Blüten Käfer und Schwebfliegen zur Bestäubung herbei. Die an große Mohnkapseln erinnernden, grünen Früchte enthalten Luftblasen in ihrem Gewebe und schwimmen auf der Wasseroberfläche. Die Samen treiben noch längere Zeit auf dem Wasser, dann sinken sie zu Boden. Häufig verbreitet sich diese Art auch durch abgerissene Wurzelteile, die an anderer Stelle wieder anwachsen.

Weiße Seerose
Nymphaea alba

Merkmale Schwimmende herzförmige Blätter und weiße, große Blüten. Blütezeit Juni bis September. Geschützte Art.

Vorkommen Bildet bevorzugt in 1–1,5 m tiefem, relativ warmem, nährstoffreichem Wasser stehender Gewässer größere Bestände aus.

Wissenswertes Sie ist eine typische Vertreterin der Schwimmblattpflanzen-Gesellschaft. Die Blätter und Blüten sitzen an bis zu 3 m langen, seilartig dicken Stielen und entspringen einem kräftigen Wurzelstock am Schlammgrund. Sie reagieren auf Licht und öffnen sich nur während der hellen Tagesstunden. Auf der Blattunterseite lassen sich zahlreiche Wasserschnecken und Egel nieder, die man leicht beobachten kann. Die heimischen Seerosen – und nur diese – sind robust und überstehen auch härteste Winter. Leider sehen zahlreiche Züchtungen sehr ähnlich aus.

Beobachtungstipp:
Werfen Sie doch einmal die Frucht einer See- oder Teichrose ins Waschbecken. Sie werden feststellen, dass sie auf dem Wasser schwimmt. Schneiden Sie die Frucht in der Mitte durch, erkennen Sie warum: Ihr Gewebe enthält reichlich Luft und ist leichter als Wasser. So wird sie durch Wind und leichte Strömungen verdriftet. Nach einiger Zeit zersetzt sich das Gewebe im Wasser und die Samen sinken zu Boden. Hier keimen sie und bilden vielleicht sogar als Pioniere eine neue Schwimmblattpflanzen-Gesellschaft.

Gemeine Seekanne
Nymphoides peltata

Merkmale Goldgelbe Blüten; seerosenähnliche Schwimmblätter. Blütezeit Juli bis September. Geschützte Art.
Vorkommen In sommerwarmen, nährstoffreichen und kalkarmen Gewässern.
Wissenswertes Trotz der ähnlichen Blätter ist sie nicht mit Teich- und Seerosen verwandt, sondern ein vortreffliches Beispiel dafür, wie Pflanzen aus ganz unterschiedlichen Familien unter ähnlichen Lebensbedingungen einander ähnliche Gestalten hervorbringen.

Wasserknöterich
Polygonum amphibium

Merkmale Kleine, rosafarbene Blüten in dichten Ähren; lange Schwimmblätter an langen Stielen. Blütezeit Juni bis September.
Vorkommen In ruhigen Buchten stehender und langsam fließender Gewässer.
Wissenswertes Diese anpassungsfähige Art übersteht ein Trockenfallen ihres Wohngewässers ohne Schaden, denn sie überdauert einfach als „Landform". Diese wird bis zu 60 cm hoch und bildet statt Schwimmblättern aufrechte Blätter aus. So findet man diese Pflanze auch an Land auf nassen Wiesen und Äckern, wo sie auf eine Vernässung des Unterbodens hinweist.

Schwimmendes Laichkraut
Potamogeton natans

Merkmale Derbe Schwimmblätter; nur im Frühjahr blattstielartige untergetauchte Blätter; unscheinbare Blüten. Blütezeit Mai bis August.
Vorkommen In stehenden, nährstoffreichen Stillgewässern mit schlammigem Grund; bildet häufig auffallende Bestände aus.
Wissenswertes Massenbestände des Laichkrauts sind häufig die Kinderstube von Jungfischen. Am Gewässergrund wachsen sie mit einem reich verzweigten, knollig verdickten Wurzelstock. Für den kleinen Gartenteich sind Laichkräuter nicht geeignet, zu schnell erobern sie hier die gesamte Wasserfläche.

Wasser-Hahnenfuß
Ranunculus aquatilis

Merkmale Schwimmende, weiße Blüten; Schwimmblätter und untergetauchte Blätter. Blütezeit Mai bis August.
Vorkommen Meist kleinere Bestände in stehenden und sehr langsam fließenden Gewässern.
Wissenswertes Er ist ein wichtiger Gegenspieler der Algen: Seine Schwimmblätter beschatten das Wasser und seine untergetauchten Blätter entziehen dem Wasser die Nährstoffe. Da er unter günstigen Bedingungen recht stark wuchert, ist der Wasser-Hahnenfuß nur für größere Teiche zu empfehlen.

Krebsschere
Stratiotes aloides

Merkmale Charakteristisch: schwertförmige, kräftig stachelig gesägte Blätter in dichten Rosetten; 4 cm große, weiße Blüten. Blütezeit Mai bis Juli. Geschützte Art.
Vorkommen In windgeschützten Buchten stehender und langsam fließender Gewässer; bildet häufig große Bestände aus, fehlt aber auch in vielen Gebieten.
Wissenwertes Die im Sommer frei schwimmenden Blattrosetten gehen im Winter „auf Tauchgang" und sitzen im Schlamm. Die Blüten einer Pflanze sind entweder alle weiblich oder alle männlich. An etlichen Standorten kommt die Krebsschere nur in einem Geschlecht vor; hier vermehrt sie sich nur durch Ausläufer.

Wassernuss
Trapa natans

Merkmale Auf dem Wasser ausgebreitete Rosetten aus Schwimmblättern; unscheinbare Blüten. Blütezeit Juni bis August. Geschützt.
Vorkommen Nährstoffreiche, aber unbelastete, stehende Gewässer, die den ganzen Sommer über mindestens 20 °C warm sind.
Wissenswertes Sie flottiert frei auf dem Wasser. Den Namen „Wassernuss" trägt sie wegen ihrer 2–4 cm großen, nussartigen Frucht. Diese ist mit 2–4 dornartigen Widerhaken besetzt, die sich im Schlammgrund verankern können. Die schmackhafte Frucht wurde früher bei uns gegessen. Durch die Begradigung von Flüssen und Trockenlegung ganzer Auenlandschaften hat die Wassernuss bei uns ihre bevorzugten Lebensräume, die Altarme von Strömen, verloren. Vielerorts ist sie vom Aussterben bedroht.

Unterwasserpflanzen

Unterwasserpflanzen verbringen ihr gesamtes Leben unter Wasser, selbst die Bestäubung der Blüten kann dort erfolgen. Da die Nährstoffe hauptsächlich über die Blattoberfläche aufgenommen werden, zeigen Unterwasserpflanzen einen recht einheitlichen Wuchs: Filigran sind sie und fein verzweigt, dabei sind ihre Blätter dünn und fein zerschlitzt.

Raues Hornblatt
Ceratophyllum demersum

Merkmale Rötlicher Stängel mit Quirlen aus 6–10 Blättern; unscheinbare Blüten. Blütezeit Juli bis September.
Vorkommen In nährstoffreichen, sommerwarmen Stillgewässern.
Wissenswertes Seine Blätter fühlen sich durch unzählige, kleine Stacheln starr und rau an (Name). Die Pflanze vermehrt sich leicht durch abbrechende Teile, aus denen bald wieder ein stattlicher Bestand heranwächst. Es wird gern in Gartenteichen eingesetzt, um die Selbstreinigung des Wassers zu fördern.

Armleuchteralge
Chara-Arten

Merkmale Ähnelt dem Tannenwedel (siehe Seite 29); lange „Triebe" mit in Quirlen stehenden „Seitentrieben"; mit farblosen Fasern am Gewässergrund verankert.
Vorkommen Weit verbreitet; gesellig in nährstoffreichen, kalkarmen Gewässern, häufig gemeinsam mit Laichkräutern und anderen Unterwasserpflanzen.
Wissenswertes Die Armleuchteralgen sehen wie Blütenpflanzen aus, tatsächlich sind sie aber eine hochentwickelte Familie der Grünalgen. Ihr graziler Wuchs erinnert sehr an übereinander gestapelte Armleuchter (Name!).

Kanadische Wasserpest
Elodea canadensis

Merkmale In Quirlen stehende Blätter; unscheinbare Blüten. Blütezeit Mai bis August.
Vorkommen In nährstoffreichen, stehenden oder langsam fließenden Gewässern.
Wissenswertes Ihre Heimat ist Nordamerika. Um 1835 wurde sie in Schottland eingeschleppt. Hier breitete sich die wuchsfreudige Pflanze in den Gewässern stark aus und behinderte als regelrechte „Wasserseuche" Fischerei und Schifffahrt. Sie wurzelt im Schlamm und kann hier dichte Polster bilden.

Quirlblättriges Tausendblatt
Myriophyllum verticillatum

Merkmale Untergetauchte oder auf dem Wasser flutende Stängel mit unzähligen gefiederten Unterwasserblättern (Name!) in Quirlen; unscheinbare, aus dem Wasser ragende Blütenähren. Blütezeit Juni bis August.
Vorkommen In nährstoffreichen, warmen Stillgewässern zwischen See- und Teichrosen.
Wissenswertes Im Gegensatz zum Rauen Hornblatt fühlen sich die Blätter weich an. Im Herbst fallen die Endknospen der Stängel ab und überwintern als so genannte „Winterknospen“ am Grund der Gewässer. Im Frühjahr wachsen sie zu vollständigen Pflanzen heran.

Krauses Laichkraut
Potamogeton crispus

Merkmale Wächst ausschließlich untergetaucht mit wellig-krausen Blättern (Name); nur die Blütenähren ragen aus dem Wasser.
Vorkommen Bevorzugt in nährstoffreichen, sommerwarmen, stehenden oder langsam fließenden Gewässern bis in Tiefen von 4 m.
Wissenswertes Die wuchsfreudige Pflanze bildet schnell größere Bestände aus und kann dann für Schwimmer und Ruderer unangenehm werden. Im Herbst reifen Winterknospen mit dicken, kräftig bedornten Blättern. Diese sinken zu Boden und bilden im Frühjahr neue Stängel.

Wasserschlauch
Utricularia-Arten

Merkmale Fleisch fressende Pflanze; leuchtend gelbe Blüten. Blütezeit Juni bis September. Geschützt.
Vorkommen In nährstoffreichen, sauren Gewässern.
Wissenswertes Der Wasserschlauch ist eine Fleisch fressende Pflanzen. Zum Fangen sind blasenartige Blätter (Foto oben) zu Tierfallen umfunktioniert: Stößt ein Wasserfloh gegen eine Falle, so schwingt sie auf und das Tier wird automatisch nach innen gesogen. Im Innern wird das Opfer verdaut.

Tiere im und am Wasser

Sie wollen möglichst viele verschiedene Tiere auf einer möglichst überschaubaren Fläche kennen lernen? Dann liegt das Schlaraffenland direkt vor Ihrer Haustür. Denn nirgendwo sonst, nicht in Wald, Wiese oder in der afrikanischen Savanne, findet sich ein derartig vielfältiges, leicht zu beobachtendes Tierleben auf so engem Raum wie in Teich und Tümpel. Vom millimeterkleinen Polyp mit seinen filigranen Fangtentakeln über Krebse, Wasserkäfer, Libellen, Wanzen und Spinnen, Muscheln und Schnecken bis hin zu Fröschen, Fischen und Vögeln sprudelt der Teich geradezu vor Leben. Dabei lassen sich nicht nur die ausgewachsenen, eher bekannten Tiere finden, sondern auch ihre Eigelege sowie ihre geheimnisvoll im Verborgenen lebenden halbstarken Sprösslinge, die Larven.

Niedere wirbellose Tiere

Getarnt als Blumen schießen sie mit Harpunen auf ihre Beute, sie ritzen mit messerscharfen Zähnchen die Haut anderer Tiere auf, um von ihrem Blut zu trinken, oder kommen spielend ein Jahr lang ohne Nahrung aus; andere fressen nichts als Schlamm und gedeihen dennoch am sauerstoffarmen Teichgrund. Die niederen wirbellosen Tierchen, eher die kleinen Unbekannten in Teich und Tümpel, glänzen dennoch – und zwar mit ihren originellen Überlebensstrategien. Zu ihnen zählen Vertreter aus ganz verschiedenen Tiergruppen wie die festsitzenden Schwämme und Nesseltiere, deren zahlreiche Verwandte Ihnen im Urlaub am Meer als Badeschwamm und Qualle begegnen. Nach ihrer Gestalt lassen sich die im Teich lebenden Würmer „grob vorsortieren“: Sind sie flach und breit, handelt es sich wahrscheinlich um einen Strudelwurm wie die Milchweiße Planarie; sind sie drehrund, ist es eher ein Ringelwurm wie der Schlamm-Röhrenwurm. Äußerst variabel ist hingegen die Gestalt der Egel. Sie sind flach oder rund, können sich auch extrem lang dehnen oder stark zusammenziehen.
Beobachtungstipp:
Am ehesten lassen sich wirbellose Tiere beim behutsamen Umdrehen der Blätter von Wasserpflanzen wie See- und Teichrosen finden oder durch vorsichtiges Herausnehmen von im Wasser liegenden Steinen und Ästen. Schwämme, Polypen und Moostierchen, aber auch Egel, heften sich gern daran fest. Wenn Sie mit dem Küchensieb vorsichtig den Gewässergrund abschaben, finden Sie mit etwas Glück Strudelwürmer und die im allgemeinen als lebendes Aquarienfischfutter bekannten Schlamm-Röhrenwürmer („Tubifex“), die mit ihrer Rotfärbung sofort auffallen.

Geweihschwamm
Spongilla lacustris

Merkmale Häufigster Süßwasserschwamm mit geweihförmigen Fortsätzen; bildet weichen, festsitzenden Überzug auf Wasserpflanzen, Baumwurzeln oder anderen untergetauchten Gegenständen.

Lebensweise Da Schwämme festsitzende Tiere sind, können sie im Wasser schwebenden Teilchen nicht nachstellen. Sie erzeugen mit unzähligen Geißeln im Schwammkörper einen ständigen Wasserstrom, der kleinste Nahrungsteilchen und auch ihr Atemwasser herantransportiert. Das Wasser gelangt über winzige röhrenförmige Öffnungen ins Innere. Hier wird die Nahrung von den Körperzellen aufgenommen und verdaut. Das Wasser wird über größere, auch mit bloßem Auge erkennbare Ausströmöffnungen ausgestoßen. Die meisten Süßwasserschwämme sind Zwitter. Im Frühsommer entleeren sie die Samenzellen ins Wasser. Sie gelangen mit dem Wasserstrom zu den Eiern im Innern des Schwamms. Aus den befruchteten Eiern entwickeln sich bewimperte Larven, die den Schwamm verlassen. Zunächst schwimmen sie im freien Wasser einige Stunden umher, bevor sie sich auf Wasserpflanzen, Baumwurzeln oder Steinen festsetzen und einen neuen Schwammkörper bilden.

Süßwasserpolyp
Hydra-Arten

Merkmale Typisch ist ihre Blumengestalt: Auf einem etwa 1 cm langen Stängel sitzen die filigranen „Blütenblätter“. Doch der Schein trügt: Es handelt sich dabei um äußerst gefräßige Tierchen, die „Blütenblätter“ sind mit Nesselzellen bewehrte Fangarme (Tentakeln).
Lebensweise Alle Süßwasserpolypen sind festsitzende Raubtiere. Mit ihren Tentakeln packen sie jede nur erreichbare Beute, hauptsächlich Wasserflöhe, Insektenlarven, Wassermilben und frisch geschlüpfte Jungfische. Ihre Gefräßigkeit gegenüber Wasserflöhen und Fischlarven und ihre rapide Vermehrung macht Polypen zu unbeliebten Gästen in Aquarien mit heimischen Fischen, wo sie meist durch Wasserpflanzen eingeschleppt werden. Zum Beutefang dienen die Nesselzellen, die zu Gruppen vereinigt auf den Tentakeln stehen („Nesseltiere“). Bei der leisesten Berührung explodieren sie. Die dabei herausschnellenden Stacheln durchbohren die Haut des Opfers und entlassen eine ätzende und lähmende Flüssigkeit. Nun wird die Beute mit den Tentakeln zur Mundöffnung geschoben, die versteckt am Grund der Tentakel liegt. Die Verdauung erfolgt im Körperhohlraum des Polypen, unverdauliche Reste stößt er durch den Mund aus. Polypen vermehren sich rapide und zwar häufig durch Knospen, die – ähnlich wie bei den Pflanzen – aus ihrem Körper wachsen und sich später ablösen.
Ähnliche Arten In heimischen Gewässern leben mehrere einander ähnliche Polypenarten, die aber nur von Spezialisten unterschieden werden können.

Wie die Süßwasserpolypen zu ihrem Namen kamen
Süßwasserpolypen haben den wissenschaftlichen Namen *Hydra*. Er stammt aus der griechischen Mythologie: Hydra war eine Art Wasserschlange, die man durch Abschlagen des Kopfes zu töten versuchte. Doch für jeden Kopf, den man ihr abschlug, wuchsen sofort 2 neue nach. Ganz ähnlich verhält es sich bei den Süßwasserpolypen: Wissenschaftler teilten ihren „Kopf“ (die Mundscheibe) in 2 Hälften und daraus wuchsen wieder 2 komplette „Köpfe“ mit Tentakeln. Diesen Vorgang konnte man bei einem Tier beliebig wiederholen, bis ein „vielköpfiges“ Wesen entstand.

Milchweiße Planarie
Dendrocoeleum lacteum

Merkmale Flacher, bis zu 3 cm langer, milchweißer Strudelwurm; 2 schwarze Augen; bräunlich durchschimmernder Darm; gewellte Körperränder.

Lebensweise Strudelwürmer tragen auf der Bauchseite ein dichtes Wimpernkleid, mit dem sie wie Schnecken auf dem Untergrund umherkriechen oder auch schwimmen können. Sie ernähren sich hauptsächlich von Würmern, Krebsen und Schnecken, aber auch von verletzten oder toten Fischen. Mit ihrem Fangrüssel, den sie blitzschnell ausstülpen können, stechen sie ihre Beute an und spritzen Verdauungssekrete in sie hinein. Die so vorverdaute Beute saugen sie mit ihrem Schlund auf. Strudelwürmer können aber auch länger als ein Jahr lang ohne Nahrung auskommen. Die Tiere sind Zwitter, die sich gegenseitig befruchten. Ihre Eier heften sie in Form von Kokons an Wasserpflanzen. Daraus schlüpfen bereits fertig entwickelte, kleine Strudelwürmer.

Schlamm-Röhrenwurm
Tubifex-Arten

Merkmale Bis zu 8,5 cm langer, sehr dünner, drehrunder, rötlich gefärbter Ringelwurm (Foto auf Seite 43 unten).

Lebensweise Diese Röhrenwürmer leben meist in dichten Kolonien am Gewässergrund. In organisch verschmutzten Gewässern sind es bisweilen solche Massen, dass der Grund rot gefärbt erscheint. Sie graben sich mit dem Vorderende in den Bodenschlamm ein und fressen dabei Schlammteilchen mit den darin enthaltenen Mikroorganismen, pflanzlichen sowie tierischen Abfallstoffen. Das aus dem Boden herausragende Hinterende pendelt im Wasser umher und strudelt so frisches Atemwasser herbei. Je weniger Sauerstoff im Wasser vorhanden ist, desto heftiger sind die Pendelbewegungen. Die Rotfärbung der Tiere wird durch einen Blutfarbstoff hervorgerufen, der ihnen die Nutzung von geringsten Sauerstoffmengen ermöglicht. So können sie auch am sauerstoffarmen Teichgrund oder in verschmutzten Gewässern leben. Die Tiere sind Zwitter, die sich gegenseitig befruchten. Sie legen die Eier in Kokons am Gewässergrund oder auf Wasserpflanzen ab, daraus schlüpfen im Herbst fertige Würmer.

Ähnliche Arten Es gibt etwa 15 ähnliche, verwandte Arten, die nur schwierig zu unterscheiden sind.

Rollegel
Erpobdella octoculata

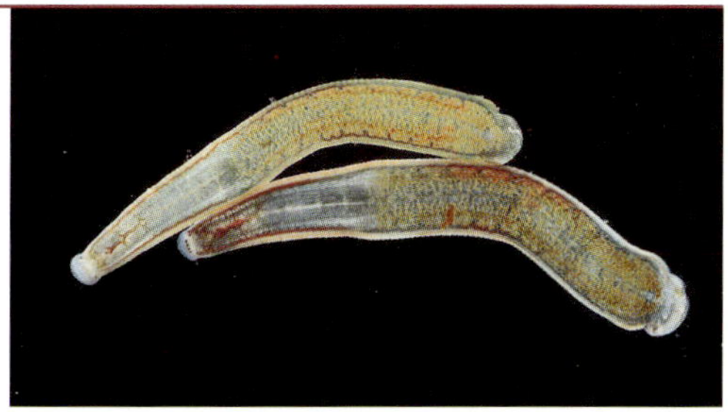

Merkmale Bis zu 6 cm langer und abgeflachter, bräunlicher bis schmutzig grüner Egel (Foto oben) mit Querreihen gelblicher Punkte.
Lebensweise Der in stehenden und fließenden Süßgewässern aller Art häufige Rollegel ist kein Blutsauger wie viele andere Egel. Er lebt als Räuber, der alle möglichen Kleintiere wie Insektenlarven, Flohkrebse und Würmer im Ganzen hinunterschlingt oder Stücke aus ihnen herausreißt. Dabei findet man ihn nicht nur im Gewirr der Wasserpflanzen, sondern auch häufig am Gewässergrund, den er durchwühlt. Den deutschen Namen Rollegel trägt er wegen seiner Angewohnheit, gerne aufgerollt herumzuliegen. Da der Rollegel anspruchslos ist (er zählt gemeinsam mit der Wasserassel zu den typischen Schmutzwasser-Bewohnern), eignet er sich besonders gut für die Haltung im Aquarium. Ein kleines Gefäß mit etwas Teichwasser genügt ihm vollkommen. Hier kann man hervorragend die Entwicklung der Jungegel beobachten. Sie vollzieht sich in den etwa 5 mm großen, durchscheinenden, aus bis zu 30 Eiern bestehenden Kokons, die an Steinen oder Blättern unter Wasser kleben. Nach etwa 3–4 Wochen verlassen die Jungegel den Kokon.
Ähnliche Arten Der Blut saugende **Medizinische Blutegel** (*Hirudo medicinalis*, Foto Mitte) ist doppelt so groß wie der Rollegel. Er trägt zudem auffallend rote Längsstreifen oder Flecken auf dem Rücken und kommt meist in moorigen Weihern und Seen vor.

Gemeiner Fischegel
Piscicola geometra

Merkmale Bis 10 cm langer, drehrunder, grünlicher Egel mit zahlreichen, hellen Querstreifen; deutlich vom sehr dünnen Körper abgesetzte, breite Saugnäpfe am Vorder- und Hinterende.

Lebensweise Der überall häufige Fischegel lebt in pflanzenreichen Teichen und Tümpeln. Er schmarotzt ausschließlich an Fischen. Meistens findet man ihn mit seinem hinteren Saugnapf an Wasserpflanzen festgeheftet und mit seinem dünnen Körper schräg ins Wasser ragend. Fischegel können aber auch vorzüglich schwimmen. Kommt ein Fisch vorbei, heftet sich der Egel mit dem vorderen Saugnapf an ihm fest, ritzt die Haut mit messerscharfen Sägezähnchen auf und saugt Blut aus der Wunde. Ein Fischegel kann so einige Tage, aber auch mehrere Monate lang an einem Fisch schmarotzen. Danach kommt er ohne weiteres ein Jahr lang ohne Nahrung aus. Die Eier legt er in 1–2 mm langen Kokons an Wasserpflanzen ab. Nach etwa 3 Wochen schlüpfen daraus die Jungwürmer.

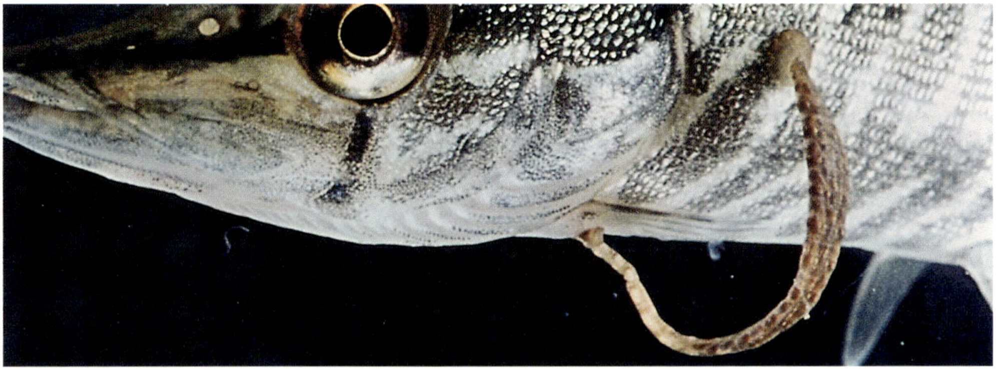

Großer Schneckenegel
Glossiphonia complanata

Merkmale 1–3 cm langer, flacher, grünlich grauer Egel mit braunen und gelben Flecken; rollt sich bei Störungen kugelig zusammen.

Lebensweise Dieser häufige Egel saugt Blut von Wasserschnecken, Würmern und Insektenlarven. Er kann nicht schwimmen und lebt im Flachwasser von Teichen und Tümpeln. Tagsüber versteckt er sich unter Steinen. Er trägt die Eier an seiner Bauchseite.

Kriechendes Moostierchen
Plumatella repens

Merkmale In den bis zu 10 cm großen, reich verzweigten Chitinröhren leben bis zu Tausende von Einzeltieren als Kolonie zusammen. Aus den Röhrenenden ragen die 1–2 mm langen, weißen Tentakelkronen heraus.

Lebensweise Häufig befinden sich die Kolonien auf der Unterseite von See- und Teichrosenblättern und auf anderen Wasserpflanzen. Was wir sehen, sind meist geweihartig verzweigte, bräunliche und krustige Überzüge, die nicht sehr vielversprechend aussehen. Erst auf den zweiten Blick (im Mini-Aquarium mit der Lupe betrachtet) geben die Moostierchen ihre filigrane Schönheit preis. Dann sehen wir auch die Tentakelfächer, mit denen die Tierchen Algen, Plankton und organische Abfallstoffe einfangen. Sie landen im Mund, der an der

Basis der Tentakelkrone liegt. Moostierchen sind Zwitter. Aus den befruchteten Eiern entwickeln sich 1–2 mm kleine Larven, die wenige Stunden frei umherschwimmen. Dann setzen sie sich fest. Sofort bilden sich kleine Auswüchse an verschiedenen Seiten: Das sind Knospen, durch die sich Moostierchen, ähnlich wie Pflanzen, auch ungeschlechtlich vermehren können. Aus einem „Muttertier" wachsen so zahlreiche „Töchter", aus denen ebenfalls wieder Tochtertiere herausknospen. Nach und nach entsteht eine neue, umfangreiche Kolonie. Im Herbst bilden die Moostierchen ovale Winterformen mit harten Schalen aus, die während der kalten Jahreszeit im freien Wasser schwimmen.

Beobachtungstipp:
Wenn Sie eine Kolonie von Moostierchen gefunden haben, legen Sie das unscheinbare, krustige Gebilde doch einmal in ein mit Wasser gefülltes Gefäß und warten einen Moment ab. Mit der Lupe werden Sie nun Zeuge eines unglaublich eleganten und stillen Wasserballetts. Nach und nach breiten sich die feinen Tentakelfächer der Tierchen aus und schwingen sanft im leicht bewegten Wasser. Jeder dieser zarten Fächer ist aus 20–80 dicht bewimperten Fangarmen zusammengesetzt. Werden die Tiere erschreckt, z. B. durch eine Erschütterung des Gefäßes, ziehen sie ihre Tentakelfächer ruckartig in die schützenden Röhren zurück.

Schnecken und Muscheln

Noch bevor Sie mit dem Tümpeln richtig begonnen haben, finden Sie meist schon die ersten Schlammschnecken. Weil sie leicht zu sehen, zudem groß, unempfindlich und schön sind, eignen sich Schnecken und Muscheln gut dazu, um auch kleinere Kinder ans Tümpeln heranzuführen. Eine Schnecke kann man in die Hand nehmen, ihr Gehäuse anfassen und das Tier über die Hand kriechen lassen. Und wer leere Schneckengehäuse und Muschelschalen findet, darf sie mit nach Hause nehmen. Schnecken und Muscheln lassen sich auch hervorragend im Aquarium beobachten. Hier schauen Sie den Schnecken sozusagen direkt ins Maul, während sie den Algenbewuchs von der Aquariumscheibe abraspeln, und können sich ein Bild davon machen, wie sie tatsächlich die Meisterleistung vollbringen, an der Unterseite des Wasserspiegels entlangzukriechen. Leicht im Teich zu entdecken sind die Eigelege verschiedener Schnecken. Auch Muscheln, diese merkwürdigen Tiere ohne Kopf und Beine, lassen sich eigentlich erst begreifen, wenn man sie einmal in Aktion, das heißt mit leicht geöffneten Muschelschalen beim Filtrieren, beobachtet hat – im Aquarium. Nicht hoch genug kann ihre Leistung in Teichen und Tümpeln bewertet werden: Nur durch ihr fleißiges, pausenloses Filtrieren wird das Wasser von Schwebstoffen gereinigt. Die nahe Verwandtschaft von Schnecken und Muscheln ist auch für den Laien augenfällig: Beide Tiergruppen besitzen ein festes, kalkiges Gehäuse. Während bei den Schnecken noch ihr Kriechfuß und der Kopf herausschauen, haben sich die Muscheln ganz und gar in ihre zweiklappige Schale zurückgezogen.

Sumpf-Deckelschnecke
Viviparus contectus

Merkmale Auffallend groß durch ihr bis zu 4 cm hohes Gehäuse mit den 3 charakteristischen rotbraunen Bändern auf grünlich braunem Untergrund und ihre stechend-spitze Schalenspitze.

Lebensweise Sie bevorzugt möglichst pflanzenreiche Teiche. Hier wühlt sie im Schlamm umher und frisst dabei organische Reste. Außerdem ernährt sie sich von Algen und mikroskopisch kleinen Planktonorganismen, die sie aus dem aufgenommenen Atemwasser herausfiltert. Sumpf-Deckelschnecken leben ständig unter Wasser. Wie viele Wasserorganismen haben sie Kiemen ausgebildet, mit denen sie den im Wasser gelösten Sauerstoff aufnehmen. Ein Austrocknen des Teichs vertragen sie

dennoch: Sie machen dann kurzerhand mit dem verschließbaren Deckel am Schalenausgang „dicht“ (Foto Seite 46 rechts).

Besonderes Alle Schnecken der Gattung *Viviparus* sind, wie schon ihr wissenschaftlicher Name verrät, lebend gebärend! Im Gegensatz zu allen anderen bei uns vorkommenden Schnecken legen sie keine Eier, sondern bringen lebende Junge zur Welt. Die Eier entwickeln sich im erweiterten Endteil des Eileiters, die Embryonen ernähren sich hier von einer milchigen, eiweißhaltigen Flüssigkeit. Die etwa 4–10 mm großen, fertig entwickelten Jungschnecken mit ihren noch sehr dünnen Gehäusen werden einzeln nacheinander aus dem Eileiter entlassen.

Spitz-Schlammschnecke
Lymnaea stagnalis

Merkmale Hornfarbenes, dünnschaliges, bis zu 6 cm hohes Gehäuse mit deutlich ausgeprägter, langer Spitze; stark erweiterter, wie aufgebläht wirkender letzter Umgang der Mündung; gelblich bis dunkelbraun gefärbter Körper; breite, dreieckige Fühler.

Lebensweise Mit ihrer für Schnecken typischen Raspelzunge schabt sie den Algenaufwuchs von Pflanzen und Steinen ab, frisst aber auch tote Wassertiere. Häufig sieht man sie unter der Wasseroberfläche „hängen“: Langsam gleitet sie vorwärts und weidet dabei den sich stets darauf befindlichen Film aus organischen Partikeln ab. Schlammschnecken atmen genau wie die an Land lebenden Schnecken durch Lungen. Deshalb müssen sie regelmäßig zum Luftholen an die Wasseroberfläche kommen. Wenn sich eine an der Oberfläche ruhende Schnecke bedroht fühlt, stößt sie blitzschnell die Atemluft aus und sinkt wie ein Stein zu Boden. Im Winter genügt ihnen die Atmung durch die Haut. Sie sind Zwitter. Das bandförmige Eigelege heften sie an Pflanzen oder Gegenstände im Wasser. Daraus schlüpfen nach 2–3 Wochen bis zu 300 Jungschnecken, die bis zu 2 Jahre alt werden.

Beobachtungstipp:
Schnecken lassen sich grob in 2 große Gruppen unterteilen. Die einen atmen durch Kiemen, die anderen vorwiegend durch Lungen.
Bei Kiemenschnecken gibt es jeweils Männchen und Weibchen. Wer z. B. die hierzu zählenden Sumpf-Deckelschnecken mit dem Kescher fängt und in ein Aquarium einsetzt, kann die Männchen von den Weibchen unterscheiden: Bei den Männchen ist der rechte Fühler auffällig kurz und verdickt, er dient als Begattungsorgan. Dagegen sind die beiden Fühler des Weibchens gleich dünn. Die lungenatmenden Schnecken hingegen sind meist Zwitter, die sich wechselseitig befruchten.

Teich-Napfschnecke
Acroloxus lacustris

Merkmale Schlichtes, durchscheinend hornfarbenes bis bräunliches, bis zu 7 mm langes und etwa 3 mm breites Gehäuse ohne deutliche Windungen; wird häufig mit einer Muschel verwechselt.

Lebensweise Sie lebt als Weidegänger auf Stängeln und Blättern von Wasserpflanzen. Meist findet man sie auf Röhrichtpflanzen oder auf der Unterseite von Schwimmblättern, wo sie sich von Kieselalgen und verrottenden Pflanzenteilen ernähren.

Gemeine Tellerschnecke
Planorbis planorbis

Merkmale Hornfarbenes, bis zu 18 mm großes Gehäuse in Form eines Posthorns mit einem deutlichen Kiel am Oberrand; einfarbig schwarzbrauner Körper.

Lebensweise Diese häufigen Schnecken ernähren sich von Algen und abgestorbenen Pflanzenteilen. Sie sind Zwitter, die sich gegenseitig befruchten. Die tellerförmigen, 6–8 mm kleinen Eigelege werden auf Pflanzen oder Steine geklebt, nach etwa 2 Wochen schlüpfen daraus die Jungschnecken. Auch die Tellerschnecken atmen durch Lungen und müssen zum Luftholen an die Wasseroberfläche kommen. Dadurch können sie auch sauerstoffarme Gewässer besiedeln. Wenn sich im Winter an der Wasseroberfläche eine Eisdecke bildet, stellen sie auf Wasseratmung um: Nun füllen sie die Atemhöhle mit Wasser statt mit Luft auf und das Lungengefäßnetz arbeitet einfach nach Art einer Kieme weiter.

Ähnliche Arten Es gibt bei uns insgesamt 17 verschiedene, zum Teil recht ähnliche Tellerschneckenarten.

Posthornschnecke
Planorbarius corneus

Merkmale Unverwechselbar durch ihr bis zu 3,5 cm großes, derbes Gehäuse in Form eines Posthorns.

Lebensweise Sie lebt vorwiegend am Teichgrund, wo sie sich von Wasserpflanzen, Algen und Aas ernährt. Die Tiere sind Zwitter. Sie kleben ihren scheibenförmigen, rötlich oder bläulich irisierenden Laich mit einem Durchmesser bis zu 3 cm an Pflanzen und Steine. Nach etwa 3 Wochen schlüpfen daraus 60–70 Jungschnecken, die bis zu 4 Jahre alt werden können. Den Winter verbringen die Schnecken am Teichgrund, wobei sie sich weit in ihre Gehäuse zurückziehen.

Besonderes Ihr Blut enthält einen hämoglobinähnlichen Blutfarbstoff und ist daher – einzigartig unter den Schnecken – rot gefärbt. Durch diesen Farbstoff können die Schnecken mehr Sauerstoff in ihrem Blut binden (wichtig für ein Überleben am sauerstoffarmen Teichgrund) und müssen seltener zum Luftholen an die Wasseroberfläche kommen.

Beobachtungstipp: Schneckeneier

Eine der häufigsten Fragen beim gemeinsamen Tümpeln mit Kindern (und Erwachsenen) ist die, was denn da Glitschiges unter den Seerosenblättern klebt. Meist sind es 2–3 cm lange Würste, manchmal auch tellerförmige Gebilde. In jedem Fall handelt es sich hierbei um Schneckengelege, beim genaueren Hinsehen erkennen wir darin Hunderte winziger, dunklerer Pünktchen – dies sind die Eier. Lassen Sie Ihre Kinder ruhig einmal so ein Schneckengelege „streicheln". Sie werden staunen, dass es zwar glibberig aussieht, aber dennoch sehr fest und recht unempfindlich ist. Wenn Sie ein Schneckengelege ins Aquarium bringen, können Sie mit der Lupe wunderbar beobachten, wie sich die Embryonen in den Eihüllen entwickeln und nach 2–3 Wochen daraus Hunderte von Jungschnecken mit ihren winzigen Gehäusen schlüpfen.

Gemeine Bernsteinschnecke
Succinea putris

Merkmale Länglich-eiförmiges, dünnschaliges und zerbrechliches, blassgelbes bis bernsteinfarbenes Gehäuse mit sehr großer Mündung; an der Spitze der Fühler sitzende Augen.
Lebensweise Sie lebt über Wasser auf Uferpflanzen oder an Pflanzenstängeln, die aus dem Wasser ragen, wie z. B. auf Schilf, wo man sie noch in Höhen bis zu 2 m sieht. Gelegentlich findet man sie auch im Wasser, diese Tiere sind jedoch meist unfreiwillig abgestürzt. Es sind reine Pflanzenfresser, die sich von frischen und absterbenden Blättern ernähren. Die Tiere sind Zwitter, die sich wechselseitig begatten. Die überall häufigen Schnecken sind eine beliebte Beute für Vögel und Frösche.

Entenmuschel, Teichmuschel
Anodonta anatina

Merkmale Bis zu 9,5 cm lange und 6 cm hohe, eiförmige, grünlich gefärbte Muschel.
Lebensweise Entenmuscheln leben als Filtrierer am Teichgrund. Durch ihre „Mundöffnung" saugen sie sauerstoffreiches Atemwasser ein, sieben die verwertbaren Schwebstoffe heraus und verdauen sie. Das sauerstoffarme Wasser stoßen sie dann durch die kleinere Ausströmöffnung aus. Ihren Samen geben sie ins freie Wasser ab, er gelangt mit dem Atemwasser zu den Eiern im Innern der Muschel. Die befruchteten 200 000–600 000 Eier entwickeln sich in den Kiemen zu Larven. Im Frühjahr verlassen sie die Muschel, wenn sich in ihrer Nähe ein Fisch aufhält. Dann heften sich die Larven mit ihren Haken als blinde Passagiere an den Flossen verschiedener Fischarten fest. So wird die Ausbreitung der wenig mobilen Muscheln gewährleistet. Nach wenigen Wochen wandeln sich die Larven in kleine Muscheln um und verlassen ihren Wirt. Entenmuscheln können bis zu 15 Jahre alt werden.

Ähnliche Art Die doppelt so große **Schwanenmuschel** (*A. cygnaea*) ist wesentlich dünnschaliger als die Entenmuschel und wiegt bei gleicher Größe nur etwa halb so viel. Sie ist unsere größte Muschel.

Beobachtungstipp:
Ganz zu Unrecht wird Muscheln in der Regel viel zu wenig Aufmerksamkeit gewidmet, denn ohne sie würden sich Teiche und Tümpel schnell in stinkende Kloaken verwandeln. Gut beobachten kann man die enormen Filtrierleistungen im Aquarium. Setzt man in ein trübes Aquarium große Süßwassermuscheln, ist das Wasser gewöhnlich schon nach ein paar Stunden klar. Insbesondere die großen und häufig auftretenden Muschelarten wie die Entenmuschel spielen im Haushalt ihrer Wohngewässer eine bedeutende Rolle bei der Reinhaltung des Teichwassers: Fast pausenlos filtrieren die Tiere Schwebstoffe aus dem Wasser, führen sie nach entsprechender Umsetzung dem Bodenschlamm zu und halten so das Wasser sauber.

Gemeine Kugelmuschel
Sphaerium corneum

Merkmale Dünnschalige, hornfarbene, bis zu 14 mm lange Muschel, die im Umriss einem Kirschkern ähnelt; langer, zungenförmiger Kriechfuß.

Lebensweise Da diese Muschel keine hohen Ansprüche an die Wasserqualität stellt, ist sie überall sehr häufig. Sie ernährt sich von Mikroorganismen und organischen Abfallstoffen, die sie aus ihrem Atemwasser filtert. Meist lebt sie im Bodenschlamm, kann mit ihrem beweglichen Fuß aber auch zwischen Wasserpflanzen umherkriechen.

Ähnliche Arten In den heimischen Teichen und Tümpeln kommen bei uns 2 weitere Arten von Kugelmuscheln vor.

Spinnen- und Krebstiere

Wasserflöhe (keine Flöhe, sondern winzige Krebschen) und Hüpferlinge besiedeln oftmals in ungeheuren Massen den Teich. Für viele Teichbewohner sind sie eine ewig sprudelnde Nahrungsquelle. In „guten Zeiten" ist die Wasserfloh-Gesellschaft rein weiblich! Aus den unbefruchteten Eiern entwickeln sich immer wieder Weibchen. Erst in ungünstigen Zeiten werden Männchen produziert. Von ihnen befruchtete Eier sind dickschalig („Dauereier") und überstehen Kälteeinbrüche und Trockenzeiten.

Im Untergrund zuhause und deshalb nur den wenigsten von uns bekannt sind Tiere wie Flohkrebs, Muschelkrebs und Wasserassel, die ebenfalls zu den Krebsen zählen. Sie sorgen am Teichgrund dafür, dass Tierleichen und verwesende Pflanzenreste zerkleinert und somit fachgerecht entsorgt werden. Gemeinsam ist allen Krebsen ihr schützender Körperpanzer, der im Extremfall sogar den gesamten Körper samt Kopf umgibt. Außerdem tragen alle Krebse 2 Antennenpaare und meist zahlreiche Beinchen.

Im Gegensatz hierzu tragen die zu den Spinnen zählenden Tiere stets 4 Beinpaare und am Kopf scherenförmige Giftklauen, mit denen sie ihre Beute ergreifen. Listig sind die Tricks, mit denen die eigentlich landlebenden Spinnen sich das Wasser für ihre Beutezüge erobern: Sie jagen auf der freien Wasserfläche und sogar unter Wasser umher.

Wasserspinne
Agryroneta aquatica

Merkmale Bei uns die einzige ständig unter Wasser lebende Spinne. Graubraun gefärbt, Männchen 15–20 mm, Weibchen 8–12 mm groß; beide tragen eine silbrig glänzende Lufthülle mit sich herum.

Lebensweise Obwohl die Wasserspinne ihr ganzes Leben unter Wasser verbringt, benötigt sie Sauerstoff aus der Luft zum Atmen. Deshalb baut sie sich mit Luft gefüllte Tauchglocken unter Wasser, in denen sie frisst, sich paart, häutet und ihre Eier ablegt. Zahlreiche Spinnfäden umgeben die Glocke und melden der Spinne durch ihre Vibrationen Beute wie Insektenlarven, Asseln und Kleinkrebse. Sie werden gerne von der Wohnglocke aus erbeutet, die Spinne jagt aber auch zwischen gesponnenen Fäden umher oder geht am Teichgrund oder an Pflanzen auf Beutesuche. Die Opfer werden mit Giftbiss getötet und ausgesaugt. Zur Eiablage legt das Weibchen eine zweigeteilte Glocke wenig unterhalb der Wasseroberfläche an: im oberen Teil liegen die 20–100 Eier, im unteren Teil sitzt das Weibchen. Sie bewacht ihr Gelege, versorgt es mit frischer Luft und tarnt die Eiglocke mit Algen. Die Jungspinnen schlüpfen nach 2–3 Wochen und bleiben noch gut einen Monat lang in ihrer Glocke. Den Winter verbringen die Spinnen ebenfalls unter Wasser in eigens angelegten Überwinterungsglocken.

Beobachtungstipp:
In einem kleinen Aquarium kann man der Wasserspinne beim faszinierenden Bau ihrer Tauchglocken zusehen: Zuerst webt sie ein horizontales Gespinst zwischen Wasserpflanzen und spinnt einen Wegfaden zur Wasseroberfläche. Dann steigt sie am Wegfaden empor, streckt ihren Hinterkörper aus dem Wasser und nimmt so Luftsauerstoff in ihr fein verzweigtes Atmungssystem auf. Beim Abtauchen zieht sie eine Luftblase mit unter Wasser und hält diese mit den überkreuzten Hinterbeinen gut fest. Nun steigt die Wasserspinne behutsam an ihrem Wegfaden hinab (ohne ihn würde sie durch den Auftrieb der Luftblase sofort nach oben schnellen). Unter ihrem Gespinst gibt sie die Luftblase frei, diese wölbt das Netzgespinst sofort kuppelartig nach oben. Den Vorgang wiederholt sie so oft, bis eine geräumige Wohnglocke fertig ist. Das Ganze dauert etwa 30–90 Minuten. Die Wasserspinne benutzt ihre Wohnglocke mehrere Wochen bis Monate und frischt den Sauerstoffvorrat von Zeit zu Zeit auf.

Listspinne
Dolomedes fimbriatus

Merkmale Größte heimische Spinne mit satt rotbraunem Körper; Männchen bis zu 15 mm lang, Weibchen bis zu 22 mm.

Lebensweise Sie bauen keine Fangnetze, sondern jagen frei auf der Wasseroberfläche und an dicht bewachsenen Ufern. Zum Beutemachen tauchen sie auch kurzfristig unter Wasser. Wenig wählerisch fressen sie von Insekten über Kaulquappen, kleinen Fröschen bis hin zu kleinen Fischen alles, was sie eben überwältigen können. Manchmal ist die Beute sogar größer als die Spinne selbst. So fallen ihr selbst ausgewachsene Stichlinge von 5–6 cm Länge und gelegentlich Frösche zum Opfer. Die Spinne lähmt sie mit einem Giftbiss, zieht sie ans Ufer und saugt sie aus. Nach der Paarung im Juni läuft das Weibchen mit einem großen, hellen Eikokon herum. Sie trägt ihn mit den Mundwerkzeugen und legt ihn nur zum Fressen ab. Aus dem Kokon schlüpfen mehrere hundert Jungspinnen.

Piratenspinne
Pirata piraticus

Merkmale Ähnelt der Listspinne, bleibt aber mit 5–9 mm deutlich kleiner.
Lebensweise Auch sie lebt räuberisch auf der Wasseroberfläche und zwischen Uferpflanzen. Auf Nahrungssuche und bei Gefahr taucht sie kurzfristig ab. Dabei atmet sie durch den Luftfilm, der zwischen ihren Härchen haften bleibt und mit unter Wasser genommen wird. Im Gegensatz zur Listspinne tritt die Piratenspinne an Teichufern häufig in großer Individuenzahl auf. Ihren Eikokon hält sie nicht mit den Mundwerkzeugen fest, sondern trägt ihn am Hinterleib mit ihren Spinndrüsen.
Ähnliche Art An Teichufern lebt auch die **Fischende Piratenspinne** (*P. piscatorius*), die mit 8–12 mm Länge etwas größer wird und sehr dunkel gefärbt ist.

Streckerspinne
Tetragnatha montana

Merkmale Bis zu 1 cm lange, silbrig oder gold glänzende Spinne mit blattförmiger, dunklerer Zeichnung auf dem schmalen Körper. Ihre beiden ersten Beinpaare sind sehr lang und werden in Ruhestellung weit nach vorne gestreckt (Name).
Lebensweise Sie lebt zwischen der Ufervegetation, wo sie einfache Netze errichtet, die im Vergleich zu den gleichmäßig gewobenen Radnetzen anderer Spinnen schlampig wirken. In der Mitte ist ein Loch, darum herum webt sie 2–3 Umgänge um die „Speichen" des Rades, lässt einen weiten Bereich der „Speichen" ganz ohne spiralige Umgänge, erst am Außenrand webt sie wieder einige Fangspiralen. In Ruhestellung sitzt die Spinne eng an Stängeln geschmiegt und ist mit ihren weit vorgestreckten Beinen kaum als Spinne erkennbar.
Ähnliche Art Ebenfalls häufig lebt am Gewässerufer die **Gemeine Streckerspinne** (*T. extensa*).

Wassermilben
Hydracarina-Arten

Merkmale Fallen durch ihre schöne Färbung (rot, blau, gelb und bunt gescheckt) und Zeichnung trotz geringer Größe von maximal 3 mm beim „Tümpeln" sofort auf; kugeliger Körper mit 4 Beinpaaren (nicht 3 Paare wie bei Insekten).

Lebensweise Außer der Wasserspinne sind Wassermilben die einzigen echten Wassertiere unter den Spinnen. Die Larven sind häufig Parasiten, die sich als kugelige, farbige Klumpen an den Beinen von Wasserinsekten festsaugen. Erwachsene Milben ernähren sich räuberisch, hauptsächlich von Kleinkrebsen wie Hüpferlingen oder Wasserflöhen und den Larven von Zuckmücken und Eintagsfliegen. Sie stechen, wie bei Spinnentieren üblich, ihre Beute an und saugen sie aus.

Ähnliche Arten Bei uns kommen etwa 600 verschiedene Wassermilbenarten vor.

Hüpferling
Cyclops-Arten

Merkmale Wenige Millimeter kleine Krebschen wie die nah verwandten Wasserflöhe; ruckartige Schwimmbewegungen (Name!); zahlreiche verschiedene Arten mit typischer „Hüpferlinggestalt".

Lebensweise Diese Kleinkrebse leben im Pflanzengürtel von Teichen und Weihern zusammen mit den Wasserflöhen. Sie ernähren sich hauptsächlich von sich zersetzenden Pflanzen, die sie mit ihren Mundwerkzeugen ergreifen und zerkleinern. Ein Austrocknen oder Einfrieren des Teichs überstehen sie mühelos: Dazu scheiden sie kurzerhand einen Schleimmantel aus, der – mit Schlammteilchen verklebt – einen kleinen „Überlebenspanzer" ergibt.

Gemeiner Wasserfloh
Daphnia pulex

Merkmale 1–4 mm lange Kleinkrebse, die sich wie echte Flöhe hüpfend fortbewegen; Körper in durchsichtiger, zweiklappiger Schale verborgen, aus der nur die langen, zweiästigen Antennen herausragen. Durch ihr ruckartiges Schlagen kommt die „hüpfende" Schwimmweise zustande.

Lebensweise Wasserflöhe besiedeln Kleingewässer häufig in ungeheuren Mengen, wodurch sie auch für uns Menschen von (wirtschaftlicher) Bedeutung sind. Sie stellen nämlich die Grundnahrung vieler unserer Süßwasserfische dar. Ausgeklügelt ist ihre Fortpflanzungsstrategie: In guten Zeiten produzieren sie dünnschalige, so genannte Sommereier, die nicht einmal von Männchen befruchtet werden müssen (was Zeit spart) und aus denen mitunter schon binnen 2 Tagen kleine, aber völlig fertige, meist nur weibliche Jungtiere schlüpfen, die ihrerseits wieder in wenigen Tagen solche Eier bilden. So können in sehr kurzer Zeit unglaublich viele Nachkommen produziert werden. Verschlechtern sich die Lebensumstände (z. B. durch Nahrungsengpässe oder zu kaltes Wasser) werden fast augenblicklich Männchen hervorgebracht und anschließend von den Weibchen so genannte Dauereier (Wintereier, Foto rechts) gebildet. Sie sind sehr dotterreich, von einer derben Schale umgeben und müssen von den Männchen befruchtet werden, s¨onst gehen sie zugrunde. Nach der Befruchtung treten sie in ein mehrere Tage bis Monate dauerndes Ruhestadium ein, währenddessen sie Trockenheit und Frost trotzen. Die Dauereier bleiben leicht im Gefieder von Wasservögeln hängen und werden durch diese verschleppt. Aus ihnen schlüpfen ausschließlich Weibchen, die sich über Sommereier wieder rasch vermehren.

Als Nahrung dienen den Wasserflöhen Bakterien, verschiedene Algen und organische Abfallstoffe. Um diese aus dem Wasser herauszusieben, erzeugen sie mit ihren zahlreichen blattförmigen Beinchen im Schaleninnern einen Wasserstrom.

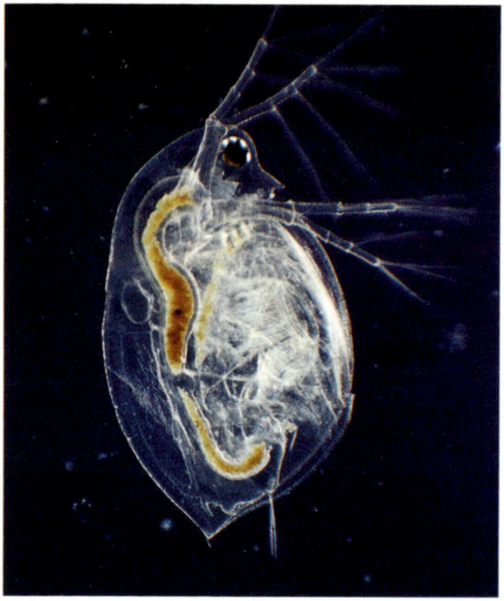

Muschelkrebse
Ostracoda

Merkmale Winzige, kaum 1 mm kleine Krebschen, deren Körper ganz von einer muschelartigen, zweiklappigen Schale umgeben ist; dunkles Auge am Vorderende. Zum Schwimmen strecken sie die beiden mit langen Schwimmborsten versehenen Antennenpaare heraus, manchmal auch weitere Beinpaare. Die Bestimmung der zahlreichen heimischen Arten ist äußerst schwierig und nur Spezialisten möglich.
Lebensweise Muschelkrebse sind Bodenbewohner, die oftmals in dichten Schwärmen auf dem Gewirr der Wasserpflanzen umherklettern und -kriechen. Einige Arten schwimmen auch recht gut. Ihre Hauptnahrung besteht aus verwesenden Pflanzen und Tieren.

Wasser-Assel
Asellus aquaticus

Merkmale In unseren Breiten die einzige Assel, die sich an das Leben im Süßwasser angepasst hat; erinnert im Aussehen an die bekannte Kellerassel, ist bräunlich gefärbt und wird 8–20 mm groß.
Lebensweise Sie kriecht am Teichgrund oder zwischen Wasserpflanzen umher und frisst verwesende Pflanzen und Tiere. Das ganze Jahr über gibt es trächtige Weibchen, die ihre Eier in einem Brutraum unter dem Bauch verborgen tragen. Da dieser hinten und vorn geöffnet ist, leben die Embryonen darin wie in einem durchströmten Aquarium. Auch die Jungasseln verbleiben solange in diesem Brutraum, bis sie fast ausgewachsen sind.

Flohkrebs
Gammarus roeseli

Merkmale Leicht an ihrer gekrümmten und seitlich zusammengedrückten Gestalt erkennbar; bis zu 2 cm lange, meist graubraun bis graugrün gefärbte Kleinkrebse.
Lebensweise Flohkrebse sind überall häufig. Sie leben am Teichgrund. Dort laufen sie, merkwürdigerweise auf der Seite liegend, umher. Das geht, indem die hinteren 3 Beinpaare der unten liegenden Seite sich bewegen, während alle anderen Laufbeine angewinkelt werden. Sie können aber auch durch Ruderschläge ihrer 3 vorderen Beinpaare gut schwimmen. Als Nahrung dienen sich zersetzende Pflanzen und Aas.

Insekten

Weltweit gibt es über 1 Million verschiedene Arten von Insekten, damit sind sie die größte Tiergruppe überhaupt. Entsprechend der zahlreichen Insektengruppen variiert ihre Gestalt enorm. Wer die Beine zählt, ist stets auf der sicheren Seite: Denn alle Insekten besitzen 3 Beinpaare, wodurch sie schnell von Krebsen oder Spinnen unterschieden werden können.
Zu den Insekten zählen so urtümliche Formen wie die winzigen, noch gänzlich ungeflügelten Springschwänze, die auf Wasserlinsen und Algenteppichen herumturnen, die schlicht gefärbten, unbeholfen umherfliegenden Eintagsfliegen, die nah mit den Schmetterlingen verwandten Köcherfliegen, deren Nachkommenschaft unter Wasser kunstvolle Köcher baut, bis hin zu rasanten Flugjägern wie den Libellen. Während bei all diesen Gruppen nur die Larven unter Wasser leben, sind etliche Vertreter der Wanzen gänzlich abgetaucht, so z. B. die große und auffällige Stabwanze und der Wasserskorpion. Auch die wohl bekanntesten Wasserinsekten, der Gelbrandkäfer und Kolbenwasserkäfer, verbringen ihr gesamtes Leben unter Wasser. Allerdings haben nicht wenige Wanzen und Käfer ihr Flugvermögen bewahrt und können so ihr Wohngewässer bei Trockenheit und Kälte verlassen. Den überwiegenden Großteil der Wasserinsekten stellt aber die Gruppe der so genannten Zweiflügler. Hierzu zählen die Fliegen und Mücken, deren blutsaugende Weibchen uns in den Abendstunden piesacken und deren Larven schon mit winzigen Pfützen oder Regentonnen Vorlieb nehmen. Im Teich sind sie aber für viele Tiere eine nicht zu unterschätzende, ewig sprudelnde Nahrungsquelle.

Urinsekten, Eintags- und Steinfliegen

Wasser-Springschwanz
Podura aquatica

Merkmale Nur 1–2 mm kleine, dunkelgrau bis schwarz gefärbte, ungeflügelte Urinsekten mit charakteristischer Sprunggabel (beim Ruhen unter dem Hinterleib eingehakt), einem verwachsenen Beinpaar des Hinterleibes. Bei Störungen klappen sie diese aus und springen so mehrere Zentimeter weit fort (Name!).
Lebensweise Trotz ihrer geringen Größe fallen Wasser-Springschwänze sofort auf, wenn sie zu Dutzenden als schwarze Pünktchen auf der Wasseroberfläche versammelt sind. Sie ernähren sich von in der Oberflächenhaut des Wassers reichlich vorhandenen Mikroorganismen, von angewehtem Pollenstaub und verwesenden Pflanzen. Zu ihren Hauptfeinden gehören u. a. Milben, Spinnen, Käfer und Wanzen.

Fliegenhaft
Cloeon dipterum

Merkmale Nur 5–9 mm kleine Eintagsfliege mit 2 Schwanzanhängen; 5–9 mm lange, meist grünliche Larven (Foto unten links).
Lebensweise Die Larven schwimmen frei im Wasser umher. Häufig sitzen sie scharenweise auf Wasserpflanzen, wo sie Algen abweiden. Ihre Schwanzanhänge dienen als Schwanzflosse beim Schwimmen. Im Kescher zappeln diese Larven wie kleine Fische. Die Weibchen haben mit 10–14 Tagen eine ungewöhnlich lange Lebenszeit und so besteht eine gute Chance, sie in Gewässernähe beobachten zu können. Denn hier legen sie ihre 600–700 Eier auf der Wasseroberfläche ab. Sofort nach der Ablage schlüpfen die Junglarven. Es kommt im Jahr zu 1–3 Generationen. Die Larven der letzten Generation überwintern zwischen Wasserpflanzen unter dem Eis.

Eintagsfliegen sind in Ruhestellung unverkennbar: Die Flügel sind über dem Körper zusammengeklappt, das Hinterende trägt 2–3 lange Schwanzfäden.

Larve der Eintagsfliege

Vom Dasein der Eintagsfliegen

Ihr Name wurde zum geflügelten Wort, doch ein wenig trügt er schon: Eintagsfliegen sind weder Fliegen, noch währt ihr Leben bloß einen Tag. Dennoch gelten sie als Symbole des Vergänglichen. Grund dafür ist das plötzliche Auftauchen ihrer großen Schwärme an bestimmten Sommerabenden – und ihr ebenso jähes Verschwinden.

Ein Jahr ihres Lebens verbringen die Tiere als Larven unter Wasser. Die Verwandlung zum Fluginsekt vollzieht sich in den Abendstunden. Die Eintagsfliegen haben schwache Beine, die kaum zum Laufen taugen, und verkümmerte Mundwerkzeuge, die keine Nahrungsaufnahme gestatten. Die einzige Aufgabe der geflügelten Eintagsfliegen besteht in der Fortpflanzung, und so leben sie nun tatsächlich nur noch wenige Stunden bis Tage. Zu ihren Hochzeitstänzen finden sich die Männchen häufig zu großen Schwärmen zusammen und steigen, meist an der gleichen Stelle, auf und nieder. Fliegt ein Weibchen in den Schwarm, stürzen sich sofort mehrere Männchen auf sie. Die Begattung erfolgt im Flug, das Männchen stirbt sofort danach, das Weibchen kurz nach der Eiablage.

Die Männchen sterben nach dem Hochzeitsflug.

Wimpernhaft
Caenis-Arten

Merkmale Sehr kleine, nur 3–8 mm lange, weißliche Eintagsfliege mit 3 Schwanzanhängen; 3–5 mm lange, gelblich bis braun gefärbte Larven mit 3 etwa körperlangen Schwanzanhängen.

Lebensweise Die Larven der Wimpernhafte leben am schlammigen Teichgrund, wo sie sich von sich zersetzenden Pflanzen und Tieren ernähren. Es kommt zu 1–2 Generationen im Jahr, die Larven überwintern.

Gelbbeinige Steinfliege
Nemoura cinerea

Merkmale 6–9 mm lang; lange, vielgliedrige Fühler; 2 Schwanzanhänge; 2 Paar grob geäderte Flügel, die flach über dem Körper zusammengelegt werden. Larven (Foto rechts) ähneln den erwachsenen Tieren, nur fehlen ihnen Flügel und Geschlechtsorgane.

Lebensweise Steinfliegen fliegen schlecht und ungern. Meist halten sie sich verborgen am Gewässerrand auf. Die Flugzeit reicht von April bis in den September hinein. Die Eier werden meist in einem Paket am Hinterleib gesammelt und ins freie Wasser gedippt. Im Spätsommer schlüpfen daraus die Wasser lebenden Larven, die meist am Teichgrund zwischen Wasserpflanzen zu finden sind, wo sie auch überwintern. Hier fressen sie organische Abfallstoffe und Algen.

Ähnliche Arten Mehr als 10 weitere, schwer zu unterscheidende Arten kommen bei uns vor.

Alter Insektenadel

Sowohl **Eintagsfliegen** als auch **Steinfliegen** bilden – wie z. B. die Schmetterlinge oder Wanzen – eigenständige Ordnungen innerhalb der Insekten. Es besteht keinerlei Verwandtschaft mit den echten Fliegen. Vielmehr handelt es sich bei beiden um echten Insektenadel: Eintagsfliegen existieren bereits seit dem Karbon vor ca. 200 Millionen Jahren, Steinfliegen sogar seit dem Perm; sie sind etwa 250 Millionen Jahre alt. Seit dieser Zeit hat sich ihre Körperform kaum verändert, wie Fossilfunde zeigen.

Libellen

Im hellen Sonnenschein jagen Libellen mit Geschwindigkeiten von 50 km/h und mehr über den Teich hinweg. Mit Flügelspannen von mehr als 10 cm und ihrem langen Hinterleib erscheinen die kräftigen und pfeilschnellen Insekten bedrohlich, doch Libellen stechen nicht. Sie besitzen keinen Stachel wie Wespen oder Bienen. Gefährlich werden die durchweg räuberisch lebenden Libellen, auch „Wasserjungfern" genannt, höchstens anderen Insekten, von denen sie sich ernähren. So halten Libellen die Umgebung des Teichs weitgehend mückenfrei. Kaum zu glauben, dass die rasanten Kunstflieger den Großteil ihres Lebens am Teichgrund verbringen. Hier schlüpfen aus den Eiern Larven, die keinerlei Ähnlichkeit mit einer Libelle besitzen. Aschgrau und träge lauern sie oft stundenlang an einem Fleck auf Beute, um dann blitzschnell mit ihrer ausklappbaren Fangmaske zuzuschlagen. Wenig wählerisch fressen sie vom Wasserfloh über Mückenlarven bis hin zu Kaulquappen und kleinen Fischen kurzerhand alles, was ihnen in die Quere kommt. Die Dauer der Larvenzeit kann von wenigen Monaten bei Kleinlibellen bis zu 4 Jahren bei Großlibellen betragen. Ist die Larve ausgewachsen, krabbelt sie eines Morgens aus dem Wasser und die fertige Libelle schlüpft aus der Larvenhaut. Sie lebt nur wenige Wochen.

Steinalte Giganten
Schon vor mehr als 200 Millionen Jahren flatterten Riesenlibellen durch die Sumpfwälder der Steinkohlezeit. Die durch versteinerte Fossilien bekannte *Meganeura monyi* ist mit 70 cm Flügelspannweite das größte bekannte Insekt, das je gelebt hat.

Liebe im Rad

Die Paarung der Libellen ist nicht nur einzigartig im Tierreich, sondern zudem eine akrobatische Meisterleistung. Sie wird durch die Bildung des so genannten Tandems eingeleitet. Hierzu ergreift das Männchen ein Weibchen mit seinen Hinterleibszangen am Kopf (bei den Großlibellen) oder hinter dem Kopf (bei Kleinlibellen). Nun biegt das Weibchen seinen Hinterleib so weit nach vorne, bis es seine Geschlechtsöffnung an die Samentasche des Männchens koppeln kann. Das Paarungsrad ist gebildet. Es bleibt einige Minuten bis etwa 1 Stunde bestehen. Danach löst das Weibchen die Verbindung und das Paar begibt sich, meistens gemeinsam im Tandemflug, zur Eiablage.

Klein- und Großlibellen

Libellen sind eine Ordnung der Insekten. Man unterteilt sie in Kleinlibellen (Foto unten, Arten ab Seite 64) und Großlibellen (Foto Seite

63 oben, Arten ab Seite 68) , die sich leicht anhand ihrer Gestalt voneinander unterscheiden lassen: Kleinlibellen sind langsame und ungewandte Flieger, die in Ruhestellung Vorder- und Hinterflügel über dem Rücken zusammenklappen. Die geschickt fliegenden Großlibellen spreizen in Ruhestellung Vorder- und Hinterflügel vom Körper ab.
Auch die Larven unterscheiden sich deutlich voneinander: Kleinlibellenlarven sind schlank und tragen am Hinterleibsende 3 lange Kiemenblättchen. Die Larven der Großlibellen sind dagegen plump gebaut.

Beobachtungstipp:
Die Verwandlung der Larve in eine flugfähige Libelle zählt sicher zu den faszinierendsten und für den Erstbeobachter auch unglaublichsten Naturschauspielen überhaupt. Die sicherste Methode, Libellen beim Schlüpfen zu beobachten, ist es, am ersten sonnigen Tag nach einer längeren Schlechtwetterperiode kurz nach Sonnenaufgang an einen Teich zu gehen. An Schilfstängeln oder Gräsern klettert die Larve aus dem Wasser. Plötzlich reißt die Rückenhaut auf, aus dem Spalt zwängen sich die mächtige Brust mit den Flügeln und dem Kopf, die Beine und der Hinterleib heraus. Nun pumpt die Libelle Blut in die Flügel, so dass sie sich in etwa 20 Minuten zu ihrer vollen Größe entfalten. Aber noch ist die Libelle zu weich, um fliegen zu können. Ihr Chitinpanzer muss erst noch im Sonnenschein trocknen und aushärten. Insgesamt vergehen etwa 4 Stunden, bis die junge Libelle fliegen kann.

Gemeine Binsenjungfer
Lestes sponsa

Merkmale Grün- bis bronzemetallisch gefärbt; spreizt ihre Flügel in Ruhestellung schräg ab. Flugzeit von Ende Juni bis Oktober.

Lebensweise Sie zählt zu den häufigen Libellen an Teichen und Tümpeln, sofern senkrecht aus dem Wasser ragende Pflanzen wie Binsen (Name), Simsen oder Schachtelhalme vorhanden sind. Charakteristisch ist die Eiablage der Binsenjungfern. Sie stellt eine hervorragende Anpassung an zeitweise trockenfallende Teiche, wie z. B. Fischteiche, dar und erfolgt erst spät im Jahr an warmen August- und Septembertagen: Die Partner wandern dabei in Tandemstellung an senkrecht im Wasser stehenden Halmen hinab. Dabei sägt das Weibchen die Pflanze mit ihrem Legebohrer auf und schiebt die Eier ins Pflanzenmark. Hier verbringen sie gut geschützt den Winter. Erst im Frühjahr schlüpfen aus den Eiern winzige Vorlarven, die von einer schützenden Eihülle umgeben sind. Haben sie sich mühsam von Eihülle und Pflanzenstängeln befreit, versuchen sie sofort, durch drehende, windende und hüpfende Bewegungen ins Wasser zu gelangen. Erst bei Kontakt zum Wasser häuten sie sich zur richtigen Larve. Fallen die Vorlarven dabei versehentlich auf das Ufer, katapultieren sie sich durch ruckartige Bewegungen ins Wasser. Hier entwickeln sie sich im Pflanzengewirr binnen 2–3 Monaten zur Libelle.

Gemeine Federlibelle
Platycnemis pennipes

Merkmale Hellblau gefärbtes Männchen (Foto Seite 65 oben); Weibchen (Foto rechts) cremefarben oder grünlich; von den zahlreichen ähnlich gefärbten Kleinlibellen leicht an ihren auffallend verbreiterten, reich beborsteten und an eine Feder (pennipes = federfüßig) erinnernden Beine zu unterscheiden. Flugzeit von Mitte Mai bis in den September.

Lebensweise Die Weibchen stechen die Eier in flutende Wasserpflanzen, wie z. B. Laichkraut, ein. Die Männchen stehen dabei hoch aufgerichtet wie Wachtürme über ihnen und halten sie am Hals fest. Was wie ein graziler und schöner, federleichter Tanz aussieht, hat einen durchaus ernsten Hintergrund. Solange das Männchen „sein“ Weibchen festhält, kann kein anderes Männchen es sich schnappen. So ist es bei Libellen keine Seltenheit, dass ein bereits begattetes Weibchen von einem anderen

Männchen ergriffen wird, dieser den Samen seines Vorgängers aus der Geschlechtsöffnung des Weibchens räumt und es erneut befruchtet. Mit dem Bewachen ihrer Partnerin sichern die Männchen somit die Verbreitung ihrer eigenen Erbanlagen.
Die Larven leben vor allem bodennah am Teichgrund zwischen verrottendem Falllaub oder Wasserpflanzen, den Winter verbringen sie im Bodenschlamm eingegraben.

Große Pechlibelle
Ischnura elegans

Merkmale Hinterleib des Männchens komplett schwarz außer einem auffallend hellblauen „Schlusslicht"; Weibchen rosa bis düster olivbraun gefärbt. Flugzeit von Anfang Mai bis Ende September.
Lebensweise Die Weibchen legen die Eier stets versteckt und ohne Begleitung der Männchen in Wasserpflanzen oder auf dem Wasser schwimmenden Pflanzenteilen ab. Hierzu kommen sie erst zur Dämmerung an den Teich, um möglichst wenig von den Männchen belästigt zu werden. Aus den Eiern entwickeln sich in wenigen Wochen Larven, die im darauf folgenden Sommer schlüpfen.

Wo bleiben die Libellen im Winter?
Im Winter fliegen keine Libellen herum, jedenfalls fast keine. Spätestens im Herbst sterben die letzten der schönen Sommerkünder. Ihre Erbanlagen überwintern unter Wasser – entweder gut verpackt in festen Eihüllen oder als Larven, von denen sich viele im Schlamm eingraben. Nur die seltenen und unauffälligen Winterlibellen (Foto links), von denen bei uns 2 Arten heimisch sind (die Gemeine Winterlibelle *Sympecma fusca* und die Sibirische Winterlibelle *Sympecma paedisca*) überleben die kalte Jahreszeit als erwachsene Tiere. Bei Winterbeginn suchen sie sich Verstecke in Wiesen und Wäldern und fallen in eine Kältestarre. An den ersten warmen Frühjahrstagen, meist ab April, kommen sie wieder hervor und sind wieder am Gewässer zu sehen.

Becher-Azurjungfer
Enallagma cyathigerum

Merkmale Männchen blau mit schwarzer Zeichnung und dem typischen kleinen, schwarzen Fleck in Form eines gestielten Bechers (Name!) auf dem 2. Hinterleibssegment; Weibchen grünlich bis bräunlich. Flugzeit von Anfang Mai bis Mitte September.

Lebensweise Die Männchen erkennt man schon aus weiter Ferne an ihrer typischen Haltung: Sie sitzen gerne an senkrecht aus dem Wasser ragenden Pflanzenstängeln und strecken ihren Körper fast rechtwinklig von der Pflanze ab. Sind sie paarungswillig, fliegen sie übers offene Wasser und greifen sich ein Weibchen. Die Eiablage erfolgt als Tandem in aus dem Wasser ragende Wasserpflanzen. Häufig geht das Weibchen dabei auch auf Tauchgang: Bei Wasserkontakt löst das Männchen seine Haltezangen vom Weibchen, das nun in aller Ruhe kopfüber an Wasserpflanzen abwärts steigt und seine Eier mit dem Legebohrer sorgsam ins Pflanzengewebe einsticht. Ausdauernde Männchen warten auf ihre Weibchen, was durchaus dauern kann (manche bleiben länger als eine Stunde unter Wasser, ohne Schaden zu nehmen), andere fliegen davon. Nicht selten werden die auftauchenden Weibchen zur Beute von Wasserläufern oder Fröschen. Die transparent hellgrünen Larven leben zwischen Wasserpflanzen und am Teichgrund, die fertigen Libellen schlüpfen erst im nächsten Frühjahr.

Ähnliche Arten Es gibt weitere Azurjungfernarten, deren Männchen ebenfalls blauschwarz gefärbt sind. Sie unterscheiden sich u. a. durch die Zeichnung auf dem 2. Hinterleibssegment, die oft an eine Figur erinnert, die im deutschen Artnamen genannt wird (z. B. die Pokal- oder Fledermaus-Azurjungfer).

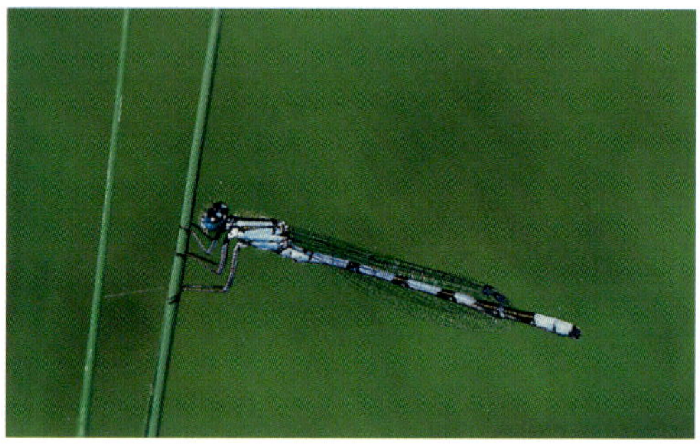

Frühe Adonislibelle
Pyrrhosoma nymphula

Merkmale Unverwechselbar durch ihre feuerrote Färbung. Flugzeit ab Ende April bis in den August hinein (sie ist eine der ersten Libellen des Frühjahrs).

Lebensweise Meist sieht man die flugunlustigen Tiere mit leicht geöffneten Flügeln in der Ufervegetation ruhen, wo sie trotz ihrer markanten Färbung leicht zu übersehen sind. Auffallend früh am Morgen, ab etwa 7.00 Uhr, können wir beobachten, wie sich die Männchen ein Weibchen im Flug ergreifen und ein Paarungsrad bilden. Die Paarung selbst dauert etwa 15 Minuten und findet versteckt in der Ufervegetation statt. Danach fliegt das Paar auf der Suche nach geeigneten Eiablageplätzen als Tandem übers Wasser. Gerne werden die Eier in Pflanzen unter Wasser eingestochen, wobei das Paar gemeinsam untertaucht. Nach etwa 3 Wochen schlüpfen die Larven, die zu ihrer recht langen Entwicklung je nach Lebensbedingungen zwischen 1 und 3 Jahren benötigen.

Beobachtungstipp: Larven der Kleinlibellen
Haben Sie im Gewirr untergetauchter Wasserpflanzen eine Libellenlarve gefunden? Mit etwas Übung können Sie leicht selbst erkennen, ob sie sich in eine Kleinlibelle oder in eine Großlibelle verwandeln wird. Die typischen Merkmale einer Kleinlibelle sind ihr schlanker, langgestreckter Körper und 3 blattförmige Schwanzanhänge am Hinterleib. Die meisten Kleinlibellen leben etwa 1 Jahr lang als Larve. Die kürzeste Larvenzeit liegt bei 2–3 Monaten (z. B. Binsenjungfer), die längste bei rund 3 Jahren (z. B. Adonislibelle).

Hufeisen-Azurjungfer
Coenagrion puella

Merkmale Gesamte Oberseite des Männchens hellblau mit schwarzen Zeichnungen, typisch die in Form eines „U" oder etwas kantigen Hufeisens (Name!) auf dem Hinterleib; Weibchen grünlich mit fast schwarzer Oberseite.
Lebensweise Zwischen Mai und August dürfte diese überaus häufige und gesellige Kleinlibelle an jedem naturnahen Teich zu beobachten sein. Zur Eiablage bilden sich regelrechte Gruppen. Dabei stehen die Männchen steif aufrecht über den Weibchen und halten sie mit ihren Hinterleibszangen hinter dem Kopf fest. Die Eier werden in Wasserpflanzen eingestochen, wobei nicht selten 10 und mehr Paare ihre Eier auf ein und denselben Pflanzenstängel legen. Gerne werden hierzu die Fraßlöcher kleiner Schilfkäfer benutzt. Nach 2–5 Wochen schlüpfen die Larven. Sie leben zwischen Wasserpflanzen am Grund des Teichs, wo sie träge auf Beute lauern. Die Verwandlung zur Libelle erfolgt im nächsten Frühsommer.

Große Königslibelle
Anax imperator

Merkmale Zählt mit bis zu 11 cm Flügelspanne und bis zu 8 cm Körperlänge zu den größten heimischen Libellen; einheitlich grüner Vorderkörper, hellblauer (beim Weibchen blaugrüner) Hinterkörper mit nur einem schwarzen Längsstreifen. Bis zu 55 mm große Larve. Flugzeit Anfang Juni bis September.
Lebensweise Die kräftigen Männchen (Foto oben) sind ausdauernde Flieger. Ununterbrochen fliegen sie an richtig warmen Sommertagen (und nur dann) ihr Revier am Teichrand und über dem offenen Wasser ab und vertreiben alle andere Großlibellen. Mit Männchen der gleichen Art liefern sie sich erbitterte Luftkämpfe. Die Weibchen stechen ihre Eier meist gut sichtbar in frei schwimmende Pflanzenteile (Foto unten). Je nach dem Zeitpunkt der Eiablage und der Wassertemperatur benötigen die Larven 1–2 Jahre zu ihrer Entwicklung. Ab Anfang Juni kriechen sie gegen 21.00 Uhr an Schilfhalmen oder Binsenstängeln empor, die fertigen Libellen schlüpfen und starten am nächsten Morgen zu ihrem ersten Flug. Ihre Lebensdauer beträgt etwa 4 Wochen.

Blaugrüne Mosaikjungfer
Aeshna cyanea

Merkmale Typisch ihr schwarzgrün gescheckter, an ein Mosaik (Name!) erinnernder Vorderkörper und Hinterleib. Flügelspannweite 9,5–11 cm. Flugzeit von Mitte Juni bis in den November.
Lebensweise Mosaikjungfern gehören zu den Libellen, die sich am weitesten vom Wasser entfernen. Einen neu angelegten Teich finden sie deshalb sofort. Auf der Suche nach paarungswilligen Weibchen sieht man die Männchen auf regelrechten „Patrouilleflügen" fortwährend am Teichufer hin- und herfliegen. Häufig trifft man sie auch fernab vom Gewässer auf Waldlichtungen oder über Waldwegen, wo sie in 1–2 m Höhe auf Insektenjagd gehen. Dabei zeigen sie wenig Scheu vor Menschen und nähern sich unter Umständen bis auf wenige Zentimeter, was häufig fälschlich als „Angriffslust" gedeutet wird. Wie alle Mosaikjungfern legen die Weibchen ihre Eier allein, also ohne männliche Begleitung, versteckt in morsches Holz am Ufer, verrottende oder lebende Pflanzen über oder unter Wasser ab. Häufig überwintern die Eier. Die Entwicklung von der Larve bis zum schlupfbereiten Tier dauert 1–2 Jahre.
Ähnliche Arten Die **Herbst-Mosaikjungfer** (*A. mixta*) mit dem braunen Vorderkörper und dem schwarzblau gefleckten Hinterleib ist mit

60–65 mm Körperlänge deutlich kleiner. Die **Braune Mosaikjungfer** (*A. grandis*, Foto rechts) ist leicht an ihrer komplett rotbraunen Färbung zu erkennen, sogar ihre Flügel sind deutlich braun getönt.

Libellenlarven fangen ihre Beute mit einer im Tierreich einmaligen Konstruktion, der Fangmaske. Sie wird blitzschnell ausgeklappt und bohrt sich mit hakenförmigen Fortsätzen in ihr Opfer, für das es nun kein Entrinnen mehr gibt. Das Foto zeigt eine Libellenlarve von unten.

Beobachtungstipp: Larven der Großlibellen

Was glauben Sie wird aus diesem aschgrauen, flachen und flügellosen Tier werden, das eingegraben im Schlamm lebt oder versteckt zwischen Wasserpflanzen anderen Teichbewohnern nachstellt? Es lässt sich wirklich kaum erraten, denn die Larven ähneln kaum den fluggewandten Libellen. Aus dieser Larve wird in wenigen Jahren eine Mosaikjungfer schlüpfen. Bis dahin häutet sie sich 7–15mal. Die Dauer der Larvenzeit beträgt zwischen 1 und 4 Jahren und hängt von Wassertemperatur und Nahrungssituation ab. In dieser Zeit leben sie am Teichgrund, was man bei „Teichsäuberungen" unbedingt beachten sollte! Setzen Sie die gefundenen Larven wieder zurück in den Teich. Als gefräßige Räuber fressen sie alles, was sie von der Größe her gerade noch bewältigen können. Ihr Nahrungsspektrum reicht vom Wasserfloh bis hin zu Kaulquappen und Jungfischen.

Gemeine Smaragdlibelle
Cordulia aenea

Merkmale Metallisch grün bis kupfern gefärbt; leuchtend grüne Augen; keulig verdicktes Hinterleibsende; Flügelspannweite 5,5–6,5 cm. Flugzeit Anfang April bis Anfang August.
Lebensweise Durch ihr frühes Erscheinen ist sie eine typische Frühjahrslibelle. Sie zählt zur Familie der Falkenlibellen, das sind die „Sportwagen" unter den Libellen. Metallisch gefärbt, äußerst wendig und rasant fliegend wie Falken, sieht man sie kaum je ruhen. Auf der Suche nach Weibchen inspizieren die Männchen stundenlang die Uferbereiche von Teichen, wobei sie oftmals lange auf einer Stelle im Rüttelflug – ähnlich den Falken – verharren. Die Paarung findet fernab von hungrigen Froschmäulern in Büschen oder Bäumen statt. Danach peitschen die Weibchen aus dem Rüttelflug heraus mit dem Hinterleib auf das Wasser und streifen dabei ihre Eier ab, die im Wasser zu haselnussgroßen Klumpen aufquellen. Die Larven schlüpfen nach 2–3 Wochen und verlassen nach 2–3 Jahren das Wasser.
Ähnliche Art Zum Verwechseln ähnlich ist die **Glänzende Smaragdlibelle** (*Somatochlora metallica*), die aber erst Ende Juni am Teich erscheint.

Plattbauch
Libellula depressa

Merkmale Charakteristischer, stark abgeflachter, 6–8 mm breiter Hinterleib, beim Männchen (Foto links) strahlend blau bereift, beim Weibchen (Foto rechts) ockergelb bis olivbraun; auffallend große, dunkelbraune Flecken an der Flügelbasis; Flügelspanne 7–8 cm. Flugzeit Anfang Mai bis August.
Lebensweise Seine Vorliebe für Gewässer mit pflanzenfreien, sandigen oder lehmigen Ufer-

bereichen macht ihn zu einer Pionierart an neu angelegten Teichen. Die Männchen besetzen Reviere am Ufer, die sie von Sitzwarten – trockene Äste, aus dem Wasser ragende Schildhalme – aus verteidigen. Nach einer Störung kehren sie fast immer innerhalb kürzester Zeit auf diese zurück. Die Paarung dauert nur wenige Sekunden und vollzieht sich ausschließlich im Flug. Nach der Trennung der Partner legt das Weibchen fliegend die Eier im Wasser ab, was man an den wippenden Bewegungen ihres Hinterleibes erkennt. Dabei wird es vom Männchen bewacht und jeder Rivale verjagt. Werden es zu viele, koppelt sich das Männchen erneut ans Weibchen und bringt es aus der Gefahrenzone. Den widerstandsfähigen Larven kann weder ein mehrwöchiges Austrocknen des Gewässers etwas anhaben noch ein vollständiges Durchfrieren. Dann graben sie sich kurzerhand tief im Schlamm ein.

Vierfleck
Libellula quadrimaculata

Merkmale Männchen und Weibchen gleich gefärbt; 4 dunkle Flecken auf den Flügeln (Name). Flügelspanne 7–8 cm. Flugzeit Anfang Mai bis Mitte August.

Lebensweise Nach den ersten warmen Mainächten im Jahr bieten uns die im Morgengrauen fast gleichzeitig aus den Teichen krabbelnden und sich zum Fluginsekt verwandelnden Vierfleck-Larven ein beeindruckendes Naturschauspiel. Am Teich sind meist nur Männchen zu beobachten. Gern sitzen sie hier auf exponierten Warten, auf die sie nach kurzen Ausflügen zurückkehren. Denn die Weibchen erscheinen, um nicht ständig von Männchen belästigt zu werden, nur für wenige Minuten zur Paarung und Eiablage am Gewässer. Bekannt geworden ist diese Libellenart durch ihre äußerst spektakulären Wanderschwärme. So wurden bis in die 1930er Jahre hinein Massenwanderzüge von bis zu 40 km Länge und 6 km Breite beschrieben. Der größte bekannt gewordene Zug wanderte im Mai 1862 über Deutschland und umfasste schätzungsweise 2,4 Milliarden Tiere! In jüngerer Zeit sind die Schwärme im nördlichen Mitteleuropa selten und meist sehr viel kleiner geworden, wahrscheinlich bedingt durch die Zerstörung etlicher Fortpflanzungsgewässer. Wodurch solche Massenwanderungen ausgelöst werden, ist nicht wirklich geklärt. Möglicherweise aber durch einen Befall der Libellen mit einem parasitischen Saugwurm (*Prosthogonimus*). Wo und wie die Schwärme enden, ist nicht bekannt. Vermutlich gehen die meisten Libellen während des Zuges zugrunde.

Beobachtungstipp:
Ist Ihnen schon einmal aufgefallen, dass am Gewässer meist nur Libellenmännchen umher schwirren? Kommt dann endlich ein Weibchen ans Wasser, so stürzen sich meist mehrere Männchen gleichzeitig auf sie. Und schon wenige Minuten später ist das Weibchen wieder verschwunden: fest im Paarungsgriff oder vertrieben. Tatsächlich gibt es aber keineswegs weniger Weibchen als Männchen. Nur halten sich die Weibchen meist abseits der Gewässer auf. Denn um Eier zu produzieren, müssen sie viel fressen und am Teich ist das bei dem Gebaren der Männchen ja schier unmöglich. Die Männchen, die zur Produktion ihrer Keimzellen weit weniger Nahrung benötigen, verbringen viel Zeit damit, am Teich auf die Weibchen zu warten. Dabei verteidigen Libellen wie Vierfleck und Plattbauch feste Reviere, in denen jeder Mitbewerber verjagt und das eierlegende Weibchen streng bewacht werden. Die Mosaikjungfern teilen sich dagegen einen ganzen Teich bzw. einen großen Gewässerabschnitt für kurze Zeiten am Tag untereinander auf. Dann haben sie hier für wenige Minuten die Alleinherrschaft. Von diesen Arten trifft man deshalb stets nur wenige Einzeltiere am Teich an. Es gibt aber auch gesellige Libellen wie die Federlibellen, deren Paare zur Eiablage sogar große Gruppen bilden.

Großer Blaupfeil
Orthetrum cancellatum

Merkmale Hinterleib des Männchens blau bereift; Weibchen in der Jugend gelb, später braun gefärbt. Länge 4,5–5 cm, Flügelspanne 7,5–9 cm. Flugzeit Mai bis August.

Lebensweise Er kommt häufig an sonnenbeschienenen Teichen mit vegetationsfreien Uferabschnitten vor. Hier kann man die Männchen am Morgen beim Sonnenbaden auf sandigen oder steinig-kiesigen Böden beobachten, an denen die Oberflächentemperatur schon am Vormittag 30 °C betragen kann. Bei steigender Bodentemperatur im Laufe des Tages beziehen sie Sitzwarten, Steine, Zweige oder Schilfhalme, über Wasser mit guter Aussicht über das Revier. Jedoch reicht schon eine größere Wolke, um die Sonnenanbeter (selbst an warmen Tagen) vom Teich zu vertreiben. Typisch für die Männchen sind ihre ruckartigen, wellenförmigen Revierflüge 10–20 cm über dem Wasser, bei denen sie nach Weibchen Ausschau halten. Diese vagabundieren auf der Jagd nach Fressbarem (bis etwa 1,5 km vom Fortpflanzungsgewässer) weit umher und kommen nur zur Paarung und Eiablage an den Teich. Die Weibchen legen ihre Eier unter Aufsicht des Männchens in kleinen Buchten über Grünalgenwatten oder über dem offenen Wasser mit untergetauchten Wasserpflanzen ab. Die Larven leben meist 2–3 Jahre lang auf dem Teichgrund.

Gemeine Heidelibelle
Sympetrum vulgatum

Merkmale Körperlänge max. 4 cm; Hinterleib der Männchen leuchtend rot, im hinteren Abschnitt etwas verbreitert; Weibchen ockerbraun, im Alter dunkler; außen gelb gestreifte Beine. Flugzeit Mitte Juli bis Oktober.
Lebensweise Heidelibellen sind typische Hochsommerlibellen, die sich meist nicht weit vom Wasser entfernen. Alle Heidelibellen fliegen nach der Paarung als Tandem zur Eiablage. Mit wellenförmigen Flugbewegungen werfen sie die Eier auf die offene Wasserfläche oder in die Ufervegetation ab. Die Eier sinken sofort zu Boden und überwintern dort. Im Frühjahr schlüpfen die Larven und entwickeln sich in etwa 3 Monaten zur schlupfbereiten Libelle.

Ähnliche Arten Zum Verwechseln ähnlich sind die **Große Heidelibelle** (*S. striolatum*) und die **Blutrote Heidelibelle** (*S. sanguineum,* Weibchen Foto unten links, Männchen unten rechts).

Keine Angst vor Libellen
Heidelibellen kommen im Hochsommer häufig in beachtlichen Zahlen an den Gewässern vor. An Badeseen scheuen sie nicht davor zurück, sich auf die Kleider oder unbedeckte Haut der Badegäste zu setzen, um sich hier zu sonnen. Fälschlicherweise werden die harmlosen Tiere auch heute nicht selten verdächtigt, dabei schmerzhafte Bisse oder Stiche auszuteilen, deren wahre Urheber sich dann als Bremsen oder Kriebelmücken („Gnitzen") entpuppen. So kamen insbesondere Heidelibellen, aber auch Libellen im Allgemeinen, zu volkstümlichen Namen wie „Augenstecher" oder „Teufelsnadeln". Ein Vorurteil, das aus Unwissenheit um die Biologie der Tiere bis heute schwer auszulöschen ist! Denn Libellen haben gar keinen Stachel. Nur die Weibchen besitzen einen Legebohrer, mit dem sie höchstens dünnes Pflanzengewebe anzuritzen vermögen, um ihre Eier hineinzulegen. Tatsache ist: Libellen stechen nicht, sie sind nicht giftig und sie beißen auch nicht!

Wanzen

Wohl kaum eine andere Insektengruppe wird so gerne mit Käfern verwechselt wie die Wanzen. Die nächsten Verwandten der Wanzen sind aber die Zikaden, deren hübsche abendliche Gesänge uns an den Urlaub am Mittelmeer erinnern, aber auch die bei Gärtnern weniger beliebten Blattläuse und Blattflöhe. Gemeinsam ist ihnen allen ihr geschickt unter dem Bauch versteckter Stech-Saugrüssel, mit dem sie, je nach Geschmack, Pflanzen oder andere Tiere aussaugen und bei Bedarf auch dem Menschen durchaus schmerzhafte Stiche versetzen können. Er ist ganz leicht zu erkennen, wenn man einer Wanze auf den Bauch schaut.

Wanzen besitzen außerdem die für uns Menschen ebenso wenig angenehmen „Stinkdrüsen", mit denen sie ihren typischen, übel riechenden Wanzengeruch um sich verbreiten. Diese Stinkdrüsen produzieren äußerst wirksame Gifte, mit denen sie Angreifer gezielt bespritzen. Andere Insekten werden bei Berührung mit dem Gift rasch gelähmt. Häufiger aber benetzen sich die Wanzen selber mit dem stinkenden Sekret und schützen sich so vor Fressfeinden wie Vögeln. Bei im Wasser lebenden Wanzenarten dienen die giftigen Ausscheidungen auch zur Abwehr von Mikroorganismen.

Wo Wanzen leben

Wer bei „Wanze" immer noch an nächtlich über uns herfallende Blutsauger wie an die Bettwanze (*Cimex lerctularius*) denkt, liegt nicht ganz falsch. In der Tat haben die Wanzen sehr viele parasitische Formen hervorgebracht, daneben aber auch viele Räuber und harmlose Sauger von Pflanzensäften. Erobert hat diese äußerst erfolgreiche Tiergruppe auch fast jeden Lebensraum – von unseren Betten über Wiesen und Wälder bis hin zu Wüsten und Süßgewässern. Als einzige Insektengruppe gibt es unter ihnen sogar Arten, die ihr gesamtes Leben auf dem offenen Meer verbringen. Die vielleicht kuriosesten und spannendsten Arten finden wir aber tatsächlich ganz in unserer Nähe: in und auf fast jedem Gewässer. Mit geradezu genialem Einfallsreichtum – vom Schnorchel bis zur Sauerstoffglocke – haben Wanzen es geschafft, sich dem Leben auf dem Wasserspiegel und unter Wasser anzupassen. Wer diese hochinteressanten Tiere genauer studieren möchte, dem sei allerdings zur Vorsicht geraten: Wanzen sind äußerst wehrhafte Tiere. Einen Stich mit ihrem vorzüglich unter dem Körper versteckten Stechrüssel vergisst man nicht so schnell!

Wasserläufer und Wasserwanzen

Wasserläufer (Foto oben) verbringen fast ihr gesamtes Leben auf der Wasseroberfläche. Ihr ganzer Körper, besonders aber ihre Unterseite, ist mit einem dichten Filz feinster Härchen bedeckt, der die Benetzung mit Wasser verhindert. Die Wasseroberfläche berühren sie nur mit der Spitze ihrer langen Beine, die in Hunderten feinster Härchen enden. Regelmäßig schmieren sie sie mit einem fettigen Sekret ein, das aus der Rüsselspitze austritt. Dank der Oberflächenspannung des Wassers können die einzelnen Wasserteilchen die eingefetteten Härchen nicht benetzen, so dass das Tier nicht einsinkt. Wird die Oberflächenspannung des Wassers beispielsweise durch Spülmittel verringert, sinken die Tiere und ertrinken, sofern sie nicht rechtzeitig flüchten können. Wasserwanzen (Fotos Seite 74 unten) hingegen sind unter Wasser zuhause.

Wanzen auf Winterurlaub

Alle im Wasser lebenden Wanzen überwintern als erwachsene Tiere, was unter Insekten durchaus nicht üblich ist. Denn viele Insekten verbringen den Winter als Ei oder als Larve. Die ausgewachsenen Wasserläufer hingegen verlassen beim Nahen der kalten Jahreszeit ihr Wohngewässer, um sich für die Überwinterung geeignete Verstecke am Ufer zu suchen. So können wir diese Tiere im Winter steif gefroren unter Laub, Moos oder loser Rinde finden. Sobald die Frühjahrssonne das Eis aufgetaut hat, verlassen sie ihre Schlupfwinkel und kehren aufs Wasser zurück. Die meisten Wasserwanzen überwintern hingegen unter der Eisdecke.

Nahrungscocktail aus der Schnabeltasse

Wanzen haben einen Stech-Saugrüssel. Deshalb können sie ihre Beute nicht mehr mechanisch zerkleinern, sondern müssen ihre Nahrung zwangsläufig in flüssiger Form zu sich nehmen. Für die Pflanzensaft saugenden Arten sehr praktisch, für die Räuber unter ihnen ein echtes Problem, das sie ebenso elegant lösen wie die Spinnen: Sie pumpen giftigen Speichel in die Beute, der das Innere der Opfer auflöst und verflüssigt. Den vorverdauten Nahrungsbrei saugen sie nun bequem durch den Rüssel ein.

Gemeiner Wasserläufer
Gerris lacustris

Merkmale Körperlänge 8–10 mm lang; individuell unterschiedlich ausgebildete Flügel von normal bis flügellos.

Lebensweise Sie leben räuberisch auf der offenen Wasseroberfläche. Nach dem Winter erscheinen sie ab März als erste Insekten wieder am Teich. Die geselligen Tiere fallen sofort durch ihr hektisches Treiben auf: Pausenlos jagen sie auf der Suche nach Beute – kleine, auf das Wasser gefallene Insekten oder solche, die zum Luftholen an die Wasseroberfläche kommen – umher. Da sie fliegen können, besiedeln sie schnell neue Lebensräume. Wasserläufer paaren sich ab April. Dabei tragen die Weibchen oft mehrere Tage lang die Männchen „Huckepack". Nach der Paarung kleben die Weibchen ihre Eier an Pflanzen oder Gegenstände unter Wasser. Die schlüpfenden Junglarven sinken zunächst auf den Teichgrund, rudern nach einiger Zeit an die Wasseroberfläche.

Beobachtungstipp:
Wenn ein Wasserläufer mit seinen Beinen das Zappeln eines Beutetieres auf der Wasseroberfläche registriert, spurtet er augenblicklich in langen Sätzen übers Wasser. Natürlich haben auch andere Wasserläufer das Zappeln wahrgenommen. An der Beute angelangt, kommt es häufig zu wüsten Raufereien, aus denen nur einer als Sieger hervorgeht. Mit giftigem Speichel wird das Opfer gelähmt, mit den kräftigen Vorderbeinen festgehalten und ausgesaugt.

Gemeiner Teichläufer
Hydrometra stagnorum

Merkmale Nadeldünne, bis zu 12 mm lange Wanze.

Lebensweise Er lebt auf der Wasseroberfläche, kommt aber mehr im Uferbereich vor. Hier wird er durch seine versteckte Lebensweise und seine zarte Gestalt leicht übersehen. Auf seinen langen, dünnen Beinen stelzt er durch die Ufervegetation, auf Wasserpflanzen und auf der Wasseroberfläche umher. Trotz der fast gespenstisch langsamen Bewegungen ist er ein gewandter Räuber: Er spießt bevorzugt kleine Tiere wie Mückenlarven oder Wasserflöhe auf, die direkt unter der Wasseroberfläche leben.

Wasserskorpion
Nepa rubra

Merkmale Gelblich bräunliche, breite und sehr flache Wasserwanze; skorpionsähnliche, vordere Fangbeine (Name); können stechen und nicht fliegen.

Lebensweise Der häufige Wasserskorpion lebt als Lauerjäger im flachen Uferbereich. Reglos verharrt er hier oft stundenlang halb eingegraben im kaum wasserbedeckten Bodenschlamm oder versteckt zwischen Wasserpflanzen, die Fangarme weit ausgebreitet. Nur sein „Schnorchel" am Hinterende durchbricht dabei die Wasseroberfläche zum Luftholen. Für längere Aufenthalte im tieferen Wasser speichert er die eingesogene Luft unter seinen Flügeln. Blitzschnell packt er vorbei schwimmende Insekten, Kaulquappen und Jungfische mit den klappmesserartigen Fangarmen, sticht sie mit dem Rüssel an und saugt sie aus. Nach der Paarung im Frühsommer legt das Weibchen seine Eier in weiche Pflanzenteile oder Moospolster ab. Die Larven (Foto unten) mit noch kurzem Atemrohr schlüpfen im Juli. Die Tiere überwintern unter dem Eis oder an Land unter Steinen oder Pflanzen.

Stabwanze
Ranatra linearis

Merkmale Auffallend groß mit schlankem, halmartigen Körper mit Atemrohr. Körperlänge 3–4 cm. Ähnelt Gottesanbeterin.

Lebensweise Sie bevorzugt Teiche mit Schilf- oder Binsenröhrichten. Hier lauert sie gut getarnt unter Wasser zwischen dem Röhricht, einem trockenen Halm ähnelnd, mit leicht erhobenen, geöffneten Fangbeinen und erbeutet Mücken- und andere Insektenlarven, Wasserflöhe, Kaulquappen sowie kleine Fische. Stabwanzen besiedeln schnell geeignete Tümpel und Teiche, allerdings werden sie leicht übersehen.

Beobachtungstipp:
Berühren Sie eine Stabwanze, z. B. indem Sie sie mit einem Kescher fangen, fällt sie sofort in einen Starrezustand: Sie streckt die 4 hinteren Beine steif nach hinten, die Fangbeine nach vorn. So als Schilfstängel getarnt, ist sie im Gewirr der Halme kaum noch zu erkennen.

Gemeiner Rückenschwimmer
Notonecta glauca

Merkmale Etwa 1,5 cm lange, weißlich bis grünlich gefärbte Wasserwanze mit großen Augen und langem Stechrüssel; schwimmt auf dem Rücken (Name), denn ihr Luftreservoir auf dem Bauch verleiht diesem Auftrieb; Hinterbeine mit Schwimmborsten besetzt.
Lebensweise Meist hängen die Tiere in Rückenlage direkt unter dem Wasserspiegel, wo sie mit einer Atemöffnung an ihrem Hinterleib Luft holen und mit ihren Fußspitzen den Wellenschlag von ins Wasser gefallenen Insekten ertasten. Dann eilen diese ausgezeichneten Schwimmer sofort mit kräftigen Ruderschlägen ihrer Hinterbeine herbei, stechen die Opfer ab und saugen sie aus. Rückenschwimmer jagen aber auch gut unter Wasser, denn sie können mit ihrem reichen Luftreservoir lange tauchen. Zu ihrer Beute zählt alles, was sie eben noch überwältigen können: Wasserspinnen, Insekten und deren Larven, Kaulquappen und Fischbrut. Die Paarung findet im Frühjahr statt. Die Weibchen stechen ihre Eier in die Stängel von Wasserpflanzen. Daraus schlüpfen nach wenigen Wochen weißliche Larven mit roten Augen. Nach 5 Häutungen ist der erwachsene Rückenschwimmer fertig.
Ähnliche Arten Es gibt bei uns insgesamt 6 verschiedene, schwer voneinander zu unterscheidende Arten.

Die Stiche der Wasserbienen
Rückenschwimmer können, wie alle Wanzen, den Menschen äußerst schmerzhaft stechen. Im Volksmund sind die Tiere, die an Wassertränken auch Kühe und Pferde mit ihren Stichen piesacken, daher als „Wasserbienen" bekannt.

Große Ruderwanze
Corix punctata

Merkmale Gelb-schwarz marmorierte, bis zu 1,5 cm lange Wasserwanze mit großem Kopf; Hinterbeine zu Schwimmbeinen umgestaltet. Schwimmen in normaler Lage; können vorzüglich fliegen.

Lebensweise Mit ihrem flachen, bootförmigen Körper und ihren kräftigen Schwimmbeinen sind sie die geschicktesten Schwimmer unter den Wasserwanzen. Auf Nahrungssuche gehen sie vorwiegend am Teichgrund, wo sie sich mit dem mittleren Beinpaar festhalten. Das ist auch dringend notwendig, weil sie durch ihre reichen Luftvorräte sonst sofort zur Wasseroberfläche treiben würden. Bei der Nahrungssuche durchwühlen sie den Bodenschlamm mit den Vorderbeinen, was an den aufsteigenden Schlammwolken gut zu erkennen ist. Dabei saugen sie Algen und abgestorbene Pflanzen aus, verschmähen aber auch kleine Wassertiere nicht. Von Zeit zu Zeit schießen die Tiere zur Wasseroberfläche, um Luft zu holen: Dabei durchstoßen sie für kurze Augenblicke mit ihrem Kopf den Wasserspiegel. Den Luftvorrat speichern sie vor allem unter den Flügeln, doch auch die gesamte Bauchseite glänzt durch die umhüllende Luftschicht silbrigweiß. Das Weibchen klebt die Eier einzeln an Wasserpflanzen oder an ins Wasser hängende Zweige. Im Frühsommer schlüpfen die Larven und entwickeln sich über 5 Häutungen zum fertigen Insekt, das im Teich überwintert.

Ähnliche Arten Es gibt bei uns mehr als 30 Arten von Ruderwanzen.

Beobachtungstipp:
Verpassen Sie nicht, an einem Frühlingsabend das Streichorchester am Teich zu besuchen: Dann „singen" die Männchen der Ruderwanzen vor der Paarung. Hierzu streichen sie ihre bedornten Vorderfüße über eine scharfe Kante am Kopf. Das Zirpen einzelner Tiere führt zu regelrechten Chorgesängen aller am Teich lebenden Ruderwanzen („Wasserzikaden"). Am häufigsten hört man das Zirpen abends im Frühjahr und im Juli.

Schlammfliegen, Köcherfliegen, Schmetterlinge

Würde man sie sehen, so könnte man sie auf den ersten Blick für Schmetterlinge halten. Doch sitzen die unscheinbar gefärbten Schlamm- und Köcherfliegen unauffällig auf Ufer- und Wasserpflanzen, so dass viele Menschen sie vielleicht noch nie bewusst wahrgenommen haben. Dabei sind sie durchaus nicht selten! Streift man durch die Vegetation, scheucht man nicht selten ganze Heerscharen der schwerfälligen Tierchen auf.
Um Angehörigen der ebenso wenig geläufigen, dämmerungsaktiven Köcherfliegen zu begegnen, empfiehlt sich ein Abendspaziergang am Gewässer. Dann lassen sich die wenig scheuen Tierchen sogar auf unserer Kleidung nieder.
Die Larven der Schlamm- und Köcherfliegen leben unter Wasser. Die Köcherfliegenlarven sind berühmt, weil sie aus Schneckenhäusern, Steinchen oder Blätterbüscheln kunstvoll errichtete Köcher bauen.
Irreführend sind die Namen Schlamm- und Köcherfliege, denn keine der beiden ist mit den zweiflügeligen Fliegen verwandt! Vielmehr bilden sie ganz eigenständige Gruppen innerhalb der Insekten, ebenso wie die Schmetterlinge.

Schlammfliege
Sialis lutaria

Merkmale 2–3 cm lang; 4 graubraun getönte und grob netzartig geaderte Flügel, werden in Ruhe dachartig über dem Hinterleib zusammengeklappt. Bis zu 4 cm lange, im Wasser lebende Larven (Foto rechts) mit 3 Beinpaaren am Vorderkörper und 7 beinähnlichen, reich behaarten Anhängen am Hinterleib, die zur Atmung und Fortbewegung dienen.
Lebensweise Die ausgewachsenen Tiere leben von April bis Juni in unmittelbarer Nähe von Teichen und Tümpeln, wo sie unauffällig an Schilf, Rohrkolben oder anderen Uferpflanzen sitzen. Die flugunlustigen Tiere fliegen unbeholfen nur kurze Strecken, wenn die Sonne scheint. Im Frühjahr können Sie beobachten, wie sich die Männchen um die Gunst der Weibchen abmühen: Unermüdlich verfolgen sie dann ein Weibchen und versuchen, es zu ergreifen. Ist die Paarung geglückt, legt das Weibchen die bis zu 2000 Eier (Foto Seite 81 unten) als mehrere Zentimeter lange Fladen an Pflanzen, Pfählen, Mauern in Gewässernähe ab (Foto Seite 81 oben rechts). Die etwa 1 mm

kleinen Larven sprengen ihre Eihüllen nach etwa 2 Wochen, vorzugsweise nachts. Bestenfalls fallen sie dabei ins Wasser, ansonsten versuchen sie, so schnell wie möglich dorthin zu kriechen. Als Räuber verbringen sie die nächsten 2 Jahre im Wasser zwischen Wasserpflanzen, später auch am Teichgrund. Sie fressen Insekten und deren Larven, Flohkrebse sowie Schlamm-Röhrenwürmer und können auch in größere Wassertiefen vordringen. Nach 5 Häutungen und 2 Überwinterungen haben die Larven ihre endgültige Größe erreicht. Dann verlassen sie das Wasser und graben sich eine Höhle ins feuchte Erdreich, wo sie sich verpuppten Nach 2 Wochen schlüpfen die geflügelten Schlammfliegen. Sie leben nur wenige Tage (Männchen) bis Wochen (Weibchen).

Ähnliche Arten Bei uns kommen 3 schwer zu unterscheidende Arten vor.

Von der Puppe zum Schmetterling
Schlammfliegen, Köcherfliegen und Schmetterlinge zählen zu den Insekten, die in ihrer Entwicklung von der Larve zum ausgewachsenen Insekt eine so genannte vollkommene Verwandlung durchmachen. Dabei durchläuft jedes Individuum 3 vollkommen verschiedene Entwicklungsstadien, die der Laie durchaus nicht ein und derselben Tierart zuordnen würde: Die ungeflügelte Larve, die sich zur Puppe (Ruhestadium) ohne Nahrungsaufnahme häutet und das daraus schlüpfende ausgewachsene Insekt, das Vollinsekt genannt wird.
Libellen und Wanzen hingegen machen in ihrer Entwicklung nur eine so genannte unvollkommene Verwandlung durch, bei der das Puppenstadium ausgelassen wird: Hier schlüpft aus der Larve in einer letzten Häutung das geflügelte Vollinsekt.

Köcherfliegen
Limnephilus-Arten

Merkmale Bis zu 3 cm lang; behaarte Flügel (wissenschaftlicher Name *Trichoptera* = Haarflügler), werden in Ruhe dachförmig aneinander gelegt. Flugzeit meist Juni bis Ende August. Im Wasser lebende Larven leben ständig in selbst gebauten Köchern (Name).
Lebensweise Die meisten Köcherfliegen sind dämmerungs- und nachtaktiv. Da sie häufig durch Licht angelockt werden, lernen Gartenteichbesitzer sie meist im eigenen Wohnzimmer kennen. Tagsüber halten sich die Tiere zwischen den Uferpflanzen auf, wo man sie beim Betreten der Uferzone häufig in großen Mengen aufscheucht. Einige Arten führen an nur wenigen Flugtagen im Jahr ausgiebige Hochzeitstänze über dem Wasser auf. Nach der Paarung legen die Weibchen ihre bis zu 1000, von einer gallertigen Substanz umgebenen Eier als Laichballen im Wasser ab. Nach 3–4 Wochen schlüpfen die Larven und beginnen bald mit dem Bau ihres Köchers, der je nach Angebot aus Blättern, Zweigen, Sand oder Steinchen gefertigt wird (Fotos unten). Sie ernähren sich von verschiedenen Wasserpflanzen und pflanzlichen Abfallstoffen. Es gibt unter ihnen aber auch räuberische Arten, die bevorzugt andere Insektenlarven vertilgen. Nach 5–7 Häutungen verpuppen sich die Larven im Wasser. Dabei dienen ihre Köcher als Puppengehäuse. Nach 2–3 Wochen Puppenruhe öffnet die Puppe mit ihren Mundwerkzeugen den Köcher und kriecht an Wasserpflanzen zur Wasseroberfläche. Dort an der Luft streift sie ihre Puppenhülle ab und beginnt ihr kurzes Dasein als Fluginsekt.

Beobachtungstipp:
Kriechen in Ihrem Kescher unauffällig kleine Blattbüschel umher? Dann könnten es sich um Larven der Köcherfliegen handeln. Alle Köcherfliegenlarven können ihren Speichel mit Blättern, Holzstückchen, Sandkörnern oder Schneckengehäusen verspinnen. Der Köcher schützt die Larven vor Fressfeinden wie Fischen und anderen Insektenlarven. Beim Laufen und Schwimmen verbleibt zumindest der weichhäutige Hinterleib darin, bei Gefahr können sich die Tiere auch ganz in ihn zurückziehen. Sie verlassen ihn erst, wenn sie ihr Larvendasein beenden und zur Wasseroberfläche kriechen. Je nach Art und Lebensraum sehen die Köcher verschieden aus: Larven in stehenden Gewässern bauen ihre Köcher aus leichten Materialien wie Blättern oder Halmen, solche in reißenden Bächen benutzen schwere Baustoffe wie Steine oder Sand, damit sie nicht zu schnell verdriftet werden.

Laichkraut-Zünsler
Nymphula nymphaeata

Merkmale Größter heimischer Wasserschmetterling mit Flügelspannweite von 2–3 cm; weiße Flügel mit braunen Strichen und Ringen; werden in Ruhe dachförmig über den Hinterleib gelegt. Flugzeit Juni bis September.
Lebensweise Er zählt zu den wenigen Schmetterlingen, deren Raupen im Wasser leben. Die erwachsenen Falter leben an stehenden Gewässern, wo sie sich tagsüber zwischen Uferpflanzen verstecken. Erst zur Dämmerung fliegen sie über und am Wasser. Nach der Paarung klebt das Weibchen die Eier auf die Unterseite von Schwimmblättern wie Teich- und Seerose, Laichkraut und Froschbiss. Daraus schlüpfen nach 1–2 Wochen die winzigen Raupen. Anfangs fressen sie Gänge in die Blätter, später bauen sie sich aus Blattstückchen zierliche Gehäuse (Foto unten rechts), in denen sie gut getarnt umherschwimmen und weitere Blätter von der Unterseite her benagen. Im Winter verlassen sie ihre Behausung und verstecken sich am Gewässergrund in den Stängeln von Laichkräutern. Im Frühjahr steigen die Raupen dann wieder an die Wasseroberfläche, um sich zu verpuppen. Dazu bauen sie sich 5–10 cm unter der Wasseroberfläche einen Kokon aus Blattstückchen, den sie am Stängel einer Pflanze befestigen. Dann nagen sie ein Loch in den Stängel, so dass Luft aus dem Pflanzengewebe in den Kokon strömen kann. Nach etwa 2 Wochen schlüpft der Falter, kriecht an der Pflanze empor und läuft auf der Wasseroberfläche zum Ufer. Hier entfaltet er seine Flügel.

Käfer

Käfer sind nicht nur unter den Insekten die größte Gruppe, sondern mit weltweit bislang mehr als 350 000 bekannten Arten die größte Tiergruppe überhaupt! Was macht ihren enormen Erfolg aus? Wahrscheinlich ein Merkmal, das alle Käfer ganz offenkundig mit sich herumtragen: nämlich die unterschiedliche Gestalt ihrer Flügel. Das hintere Flügelpaar ist zart und häutig wie Sie es von Libellen oder Mücken kennen, das vordere Flügelpaar, die Flügeldecken, ist jedoch hart und nur eben so lang, dass es den weichen Hinterleib des Tieres bedeckt und schützt.

Das Wasser haben sich die ursprünglich landlebenden Käfer nachträglich erschlossen. So leben nicht nur ihre Larven darin wie z. B. bei Libellen, Eintagsfliegen oder Mücken, sondern auch die ausgewachsenen Käfer. Stromlinienförmige Körper ohne überflüssige Verzierungen lassen räuberische Schwimmkäfer durchs Wasser preschen, während es die vegetarisch lebenden Wasserkäfer ruhiger angehen lassen. Als Insekten mit vollständiger Verwandlung schlüpfen bei den Käfern aus Eiern Larven, die unter mehrmaligen Häutungen zur endgültigen Größe heranwachsen, sich schließlich verpuppen und, der Puppenhülle entschlüpft, wieder ins Wasser zurückkehren.

Gelbrandkäfer
Dytiscus marginalis

Merkmale Schwimmkäfer; 3–3,5 cm groß; auffällige, gelbe Ränder an Flügeln und Halsschild (Name); Flügeldecken des Männchens glänzend schwarzgrün (Foto unten), des Weibchens eher grünbraun (Foto Seite 85 Mitte). Bis zu 6 cm lange Larve (Foto Seite 85 oben).

Lebensweise Durch seine beachtliche Größe zählt der häufige Gelbrandkäfer zu den bekanntesten Bewohnern unserer Teiche. Als Lauerjäger erbeutet er von Mückenlarven über Wasserschnecken, Würmer und Kaulquappen bis hin zu Jungfischen unter Wasser alles, was gerade nicht zu groß oder zu schnell ist. Aus dem ergriffenen Beutetier reißt er Stücke heraus und schluckt sie im Ganzen herunter. Zum Luftschöpfen hängen sich die Käfer (und auch ihre Larven) mit der Hinterleibsspitze an die Wasseroberfläche. Die frische Luft strömt in die beiden letzten, auf dem Rücken liegenden Atemöffnungen und verteilt sich von hier aus im ganzen Körper, unter anderem auch in den Raum zwischen Flügeln und Hinterleib. Mit diesem Luftvorrat balancieren die Tiere ihre Lage im Wasser aus und gleichen ihr spezifisches Gewicht dem des Wassers an.

Droht ein Tümpel auszutrocknen oder herrscht Futtermangel, entpuppen sich die so vorzüglich an das Wasserleben angepassten Tiere als hervorragende Flieger. Dann steigen sie gegen Abend aus dem Wasser und fliegen so lange umher, bis sie eine glitzernde Wasserfläche finden, in die sie sich dann kopfüber hineinstürzen. Die Paarung der Gelbrandkäfer erfolgt hauptsächlich im Frühjahr und im Herbst. Dabei hält sich das Männchen mit Saugnäpfen am Weibchen fest und lässt sich von ihr 2–3 Tage lang herumtragen. Die eigentliche Paarung dauert nicht länger als etwa 15 Minuten. Anschließend schlitzt das Weibchen mit seinem im Innern des Körpers verborgenen Legesäbel sorgsam die Stängel von Wasserpflanzen auf und legt in jede Öffnung ein etwa 7 mm

langes Ei. Ein Weibchen legt so bis zu 1000 Eier ab. Im Pflanzengewebe sind die Eier mit Sauerstoff versorgt und gleichzeitig vor hungrigen Fischmäulern geschützt.
Die Larven lauern als äußerst gefräßige Räuber zwischen Wasserpflanzen auf kleine Tiere. Die ausgewachsenen Larven kriechen schließlich an Land und graben sich eine Erdhöhle, in der sie sich verpuppen. Nach 2–5 Wochen schlüpfen hieraus die fertigen Jungkäfer.

Ähnliche Arten Es gibt bei uns 6 weitere ähnliche, jedoch eher seltene *Dytiscus*-Arten. Leicht kann der Gelbrandkäfer zudem mit dem **Gaukler** (siehe Seite 86) verwechselt werden.

Beobachtungstipp:
Unbeliebt beim übrigen Teichvolk sind nicht nur die Gelbrandkäfer selbst, sondern auch ihre räuberische Nachkommenschaft. Die kräftigen Larven verfügen über äußerst effektvolle Waffen: Haben sich ihre zu gebogenen Dolchen umgeformten Mundwerkzeuge in ein Beutetier geschlagen, spritzt eine giftige, gelbbraune Flüssigkeit durch die Kanäle ins Fleisch der Opfer und lähmt sie binnen Minuten. Nun löst sich ihr Inneres allmählich zu einem Brei auf, den die Larve aufschlürfen kann. Zur Beute zählen andere Insektenlarven, Kaulquappen und kleine Fische. Selbst vor Artgenossen machen die immer hungrigen Räuber nicht halt, so dass von mehreren Larven auf engem Raum immer nur eine übrig bleibt. Eher beliebt sind die Larven bei Gartenteichbesitzern (ohne Fischbesatz), denn sie dezimieren die Stechmückenlarven.

Gaukler
Cybister lateralimarginalis

Merkmale Schwimmkäfer; 3–3,5 cm groß; ähnelt sehr dem Gelbrandkäfer, sein Halsschild ist aber nur an den Außenrändern gelb gesäumt. Bis zu 8 cm große Larve mit kurzen, kräftigen Mundwerkzeugen.

Lebensweise Der Gaukler stellt höhere Ansprüche an die Wasserqualität als Gelbrandkäfer oder Furchenschwimmer und kommt daher nur zerstreut vor. Gaukler ernähren sich von Kaulquappen und Schnecken. Fortpflanzung wie beim Gelbrandkäfer, die Entwicklung dauert etwas länger als bei diesem. Zum Luftholen stützt sich die Larve auf Wasserpflanzen. Vorsicht vor der Larve! Der Biss des nicht gerade kleinen Tieres ist giftig und kann auch beim Menschen unangenehme Entzündungen hervorrufen.

Furchenschwimmer
Acilius sulcatus

Merkmale 16–18 mm langer Schwimmkäfer; sehr flacher, gelb gefärbter Körper; gelbschwarz gestreiftes Halsschild; Hinterbeine mit langen Schwimmhaaren; Männchen dicht schwarz punktiert, Weibchen mit stark behaarten Längsfurchen auf den Flügeldecken (Name). Bis zu 3 cm lange Larve; erinnert an Garnele; Beine mit langen Schwimmhaaren.

Lebensweise Dieser häufige und weit verbreitete Schwimmkäfer nimmt sogar mit Schlammpfützen vorlieb. Sowohl der Käfer als auch die Larve schwimmen auf der Suche nach Beute ständig umher. Zu ihrer Nahrung zählen Insektenlarven, Kleinkrebse wie Wasserflöhe, Kaulquappen, aber auch tote Wassertiere. Anders als die anderen Schwimmkäfer legt das Weibchen ihre etwa 500 Eier an Land ab. In Häufchen zu 30–50 Stück werden sie in Moospolstern oder in kleinen Ritzen unter Rinde oder Steinen versteckt. Die Larven schlüpfen nach 2–3 Wochen und kriechen sofort ins Wasser. Zur Verpuppung gehen die Larven an Land. Dort schlüpfen nach etwa 4 Wochen in selbst gegrabenen Erdhöhlen die Jungkäfer.

Beobachtungstipp:
Recht leicht lassen sich die hochgradig aufs Wasserleben spezialisierten Schwimmkäfer von den Wasserkäfern unterscheiden: Die räuberischen Schwimmkäfer besitzen einen flachen, die vegetarisch lebenden Wasserkäfer hingegen einen hochgewölbten Rücken. Zudem sieht es so aus, als würden Wasserkäfer beim Schwimmen im freien Wasser laufen.

Schwarzer Kolbenwasserkäfer
Hydrous aterrimus

Merkmale Wasserkäfer; 3–4,5 cm lang; glänzend schwarze Flügeldecken ohne Grünschimmer. Bis zu 7 cm lange, graubraune, fingerdicke Larve mit weichhäutigem Körper und rotbraunem Kopf.

Lebensweise Wie die meisten Wasserkäfer frisst er hauptsächlich frisches Grünzeug. Als Lebensraum bevorzugt er pflanzenreiche Stillgewässer. Hier hält er sich meist im Gewirr der Pflanzen auf, nur selten sieht man ihn umherschwimmen. Zum Luftholen kommt er mit dem Kopf an die Wasseroberfläche. Die Paarung, bei der sich das Männchen mit seinen bedornten Vorderbeinen an den Flügeldecken des Weibchens festhält, findet im Frühling statt. Nach der Paarung treiben die aus etwa 50 Eiern bestehenden Kokons wie kleine Segelschiffchen zwischen den Pflanzen umher. Die geschlüpften Larven bleiben zunächst auf dem Schiffchen, nach ein paar Tagen verlassen sie es. Ab Mai leben sie dann räuberisch am Gewässerrand von Schnecken. Nach 4–6 Wochen haben sie ihre endgültige Länge erreicht und verpuppen sich an Land. Die ersten Jungkäfer schlüpfen im Juli.

Ähnliche Art Der ähnliche **Große Kolbenwasserkäfer** (*H. piceus*) ist mit bis zu 5 cm Länge etwas größer, seine Flügeldecken schimmern grünlich.

Wassertreter
Haliplus-Arten

Merkmale Wasserkäfer, dessen Beine beim Schwimmen nicht synchron, sondern jedes für sich paddelt (Name); meist gelblich gefärbter, dunkel gefleckter, eirunder Körper mit zugespitztem Hinterende und kleinem Kopf. Bis zu 8 mm lange, schmutzig weiße Larve.

Lebensweise Entsprechend ihrem geringen Schwimmvermögen fressen Wassertreter hauptsächlich unbewegliche Algen und Zuckmückeneier, aber auch wenig bewegliche Kleintiere wie Kleinkrebse und Süßwasserpolypen. Sie legen die Eier an Algenfäden ab. Die Larven sind Miniaturausgaben der Gelbrandkäferlarven mit eben solchen dolchartigen Mundwerkzeugen zum Aussaugen von Algen. Verpuppung an Land.

Ähnliche Arten Es gibt bei uns rund 20 verschiedene, sehr ähnliche Arten.

Gemeiner Teichschwimmer
Colymbetes fuscus

Merkmale Schwimmkäfer; knapp 2 cm groß mit feiner Strich- und Punktzeichnung auf den gelblichen Flügeldecken; Halsschild mit großem, braunen Fleck; dunkler, vorn und hinten rotbraun gefärbter Kopf.

Lebensweise Er ist ein weit verbreiteter und häufiger Käfer, der auch austrocknende Teiche und Tümpel besiedeln kann. Wie alle Schwimmkäfer lebt er räuberisch unter Wasser, kann jedoch auch hervorragend fliegen. Nach der Paarung im Frühjahr legt das Weibchen ihre bis zu 1000 braunen Eier in Reihen auf lebende oder abgestorbene Wasserpflanzenteile ab. Die dunklen, breiten Larven leben ebenfalls räuberisch zwischen Wasserpflanzen und im freien Wasser. Verpuppung an Land.

Taumelkäfer, Kreiselkäfer
Gyrinus-Arten

Merkmale Knapp 0,5 cm klein; schwarz gefärbt, wirken wie poliert. Bis zu 18 mm lange, asselähnliche, schmutzig weiße Larve mit dunkler Zeichnung und schmalen, bewimperten Anhängen am Hinterende (Kiemen).

Lebensweise Ihn erkennt auch der Laie sofort an seinem eigentümlichen Verhalten: Die Käfer drehen in Scharen rasend schnell Kreise auf der Teichoberfläche. Werden sie gestört, stiebt die ganze Gesellschaft auseinander und versteckt sich am Ufer oder unter Schwimmblättern. Sie können aber auch kurzfristig untertauchen. Als Räuber erbeuten sie auf dem Wasserspiegel ins Wasser gefallene Insekten, die durch ihr Zappeln Wellen erzeugen. Mit ihren auf dem Wasser liegenden Fühlern nehmen die Käfer Wasserschwingungen auch im Dunkeln wahr, so dass sie auch nachts auf Beutefang gehen. In Anpassung an ihre Lebensweise auf der Wasseroberfläche sind die Augen zweigeteilt: Der obere Teil dient dem Sehen über Wasser, der untere, stets unter Wasser liegende Teil funktioniert wie eine eingebaute Taucherbrille, so dass der Käfer auch unter Wasser klar sieht.
Die Paarung findet im Frühjahr meist auf dem Wasser statt. Das Weibchen legt seine Eier in Form von Perlschnüren auf Wasserpflanzen ab. Im Juni/Juli schlüpfen die Larven, sie erbeuten kleine Bodentiere am Gewässergrund. Zur Verpuppung gehen sie an Land, wo im Herbst die Jungkäfer schlüpfen, die im Wasser oder an Land überwintern.

Ähnliche Arten Bei uns gibt es mehr als 10 ähnlich aussehende Arten.

Preis der Ruderer
Unter allen Wasserinsekten zählen ausgerechnet die unscheinbaren, kleinen Taumelkäfer als die effizientesten Ruderer. Mit ihren kurzen, flachen und stark behaarten Hinterbeinen schlagen sie mit einer Frequenz von 50–60 Schlägen pro Sekunde und erreichen Geschwindigkeiten von 50 cm pro Sekunde! Mehr als 84 Prozent der eingesetzten Kraft wird so in Vorschub umgewandelt. Zum Vergleich: Das Schaufelrad eines Dampfers erreicht nur 55 Prozent.

Seerosen-Schilfkäfer
Donacia crassipes

Merkmale Metallisch glänzend; 7–12 mm lang; kräftige, fast körperlange Fühler; lebt nicht im Wasser. Dicke, weißlich gefärbte, kleine Larve mit hakenförmigen Dornen am Hinterende.
Lebensweise Nur die Larven leben im Wasser. Der Lebensraum der erwachsenen Käfer sind Seerosenblätter. Hier jagen die Männchen die Weibchen, stoßen dabei gelegentlich einen Mitbewerber über den Blattrand, worauf dieser zu einem anderen Seerosenblatt fliegt. Sie fressen am liebsten die ganz jungen, noch frisch zusammengerollten Blätter, so dass diese wie perforiert aussehen. Durch diese Löcher hindurch befestigt das Weibchen die schneeweißen Eier auf der Unterseite des Blattes. Nach etwa 2 Wochen schlüpfen daraus die winzigen Larven, die sofort auf den Teichgrund sinken. Mit ihrem bedornten Hinterleib zapfen sie die luftgefüllten Gewebe der Unterwasserwurzeln an, von denen sie sich auch ernähren. Haben sie ihre endgültige Größe erreicht, schwitzen sie ein bienenwachsartiges Sekret aus, das rasch erstarrt. In dieser Hülle verpuppt sich die Larve und überwintert so am Teichgrund. Im Frühjahr schlüpfen daraus die fertig entwickelten Schilfkäfer.
Ähnliche Arten Bei uns kommen etwa 30, sehr schwer voneinander zu unterscheidende Arten von Schilfkäfern vor. Ebenfalls auf Seerosenblättern lebt der gelbbraun gefärbte **Seerosen-Blattkäfer** (*Galerucella nymphae*, Foto rechts).

Mücken und Fliegen

Ob naturinteressiert oder nicht: Mit Fliegen und Mücken hat jeder von uns – eher unfreiwillig – Bekanntschaft geschlossen. Kaum macht man es sich in der sommerlichen Abenddämmerung draußen bequem, da kommen sie schon an: Heerscharen uns piesackender Blutsauger. In der Mittagshitze werden sie von den lästigen Fliegen abgelöst. Weniger bekannt ist, dass es auch zahlreiche Mückenarten gibt, die gar kein Blut saugen, deren im Wasser lebende Larven aber eine wichtige Nahrungsquelle für viele Wasserinsekten, Frösche und Fische darstellen. Und auch unter den Fliegen gibt es etliche sehr nützliche Arten, die Schwebfliegen. Alle Fliegen und Mücken vereint, dass sie nur 2 Flügel ausbilden. Das hintere Flügelpaar ist zu winzigen Stummeln eingeschrumpft. Deshalb werden sie auch zur Gruppe der Zweiflügler (*Diptera*) zusammengefasst. Wer also ein Insekt zuordnen will, tut gut daran, nach dem Zählen der Beinpaare die Flügel zu zählen. Bei den Unmengen an Zweiflüglerarten (weltweit mehr als 100 000) ist die Wahrscheinlichkeit, einen solchen vor sich zu haben, stets groß.

Schnaken
Tipulidae

Merkmale Meist große Mücken mit ungewöhnlich langen, dünnen „Spinnenbeinen"; manche mit Flügelspannen von über 5 cm; lang gestreckter Hinterleib. Meist schmutzig weiße, bis zu 5 cm lange, fingerdicke Larven.
Lebensweise An warmen Frühlings- und Sommerabenden fliegen die erwachsenen Schnaken oft schwerfällig über Schilf, Wiesen und an Waldrändern umher. Mit ihren langen Beinen können sie sich auch gut an weit voneinander entfernten Schilfhalmen oder Blättern festhalten. Häufig trifft man auf Schnaken mit weniger als 6 Beinen. Wenn nämlich ein Vogel, Frosch oder eine Spinne versucht, eine zu erhaschen, dann lässt sie lieber eins ihrer Beine zurück, als ganz gefressen zu werden. Häufig lässt sich die Paarung auf Gräsern am Teich oder im Gebüsch beobachten: Die Hinterleibe aneinander gekoppelt strecken die Partner dabei ihre Köpfe in entgegengesetzte Richtungen. Die Eier werden im feuchten Boden oder im Wasser abgelegt. So ähnlich das Leben der erwachsenen Schnaken ist, so unterschiedlich leben ihre wurmförmigen Larven (Foto unten): Einige Arten fressen überirdisch an Pflanzen oder in der Erde und im Schlamm, andere leben auch räuberisch von Würmern. Die Larvenzeit dauert meist 1 Jahr, bevor sie sich verpuppen. Von April bis Juni schlüpfen die erwachsenen Tiere.

Schnaken stechen nicht!
Viele Menschen fürchten sich vor Schnaken, die sich nicht selten in unsere Häuser verirren, da sie angeblich stechen sollen. In Wirklichkeit sind sie vollkommen harmlos und können überhaupt nicht stechen! Tatsache ist, dass Schnaken als erwachsene Tiere meist gar keine Nahrung zu sich nehmen. Nur gelegentlich saugen Weibchen an Blüten Nektar. Grund genug, die friedlichen Tiere behutsam (die Beine sind sehr empfindlich und brechen leicht ab) aus unseren Wohnungen wieder in die Natur zu entlassen.

Stechmücken
Culex- und *Aedes*-Arten

Merkmale Kleine, langbeinige Mücken mit langem, herausragenden Rüssel, Männchen mit stark gefiederten Antennen. Im Wasser lebende, bis zu 1 cm lange Larven (Foto rechts).
Lebensweise Die Weibchen saugen Blut, die Männchen leben ausschließlich von Blütennektar und Wasser. Im Sommer sieht man sie häufig in großen Schwärmen über Uferwiesen auf und nieder tanzen. Fliegt ein Weibchen in den Schwarm, wird es sofort von mehreren Männchen ergriffen. Die Paarung dauert nur wenige Sekunden. Das Weibchen der *Culex*-Arten legt seine 200–300 Eier als so genannte „Mückenschiffchen" (Foto unten links) auf dem Wasser ab, das der *Aedes*-Arten einzeln auf Pflanzen, insbesondere auf Moos. Die Larven hängen mit ihrem Atemrohr unter der Wasseroberfläche und strudeln kleine Algen, Mikroorganismen und organische Partikel herbei.
Wer sich einen Gartenteich anlegt, braucht keine Angst vor der im darauf folgenden Sommer einfallenden Mückenplage zu haben! Tatsächlich kann es in einem naturnahen Garten mit Teich sogar deutlich weniger Mücken geben, als in Gärten ohne jeden Teich. Denn lästigen Mücken genügt schon ein kleiner Wasserbehälter, dem anders als einem Teich die die Larven dezimierenden Räuber fehlen.

Fiebermücken
Anopheles-Arten

Merkmale Mücken und Larven ähneln herkömmlichen Stechmücken, letztere besitzen kein Atemrohr am Hinterende.
Lebensweise Die erwachsenen, Blut saugenden Fiebermücken sind Überträger der Malaria. Bis ins letzte Jahrhundert kam diese in heimischen Sumpfgebieten noch vor, heute ist sie bei uns ausgerottet. Das liegt an der heutzutage niedrigeren Mückendichte und dem Fehlen malariakranker Personen, von denen aus die Mücken die Krankheit weiter übertragen könnten. Die Fiebermücken jedoch leben weiter bei uns. Sie sind dämmerungs- und nachtaktiv. Die Larven hängen direkt unter der Wasseroberfläche und weiden dank ihres extrem beweglichen Kopfes deren Unterseite ab.

Büschelmücken
Chaeborus-Arten

Merkmale Ähneln Stechmücken, haben aber auffällig behaarte Flügel. Im Wasser lebende, über 1 cm lange, durchsichtige Larven (Foto unten).
Lebensweise Ausgewachsene Büschelmücken leben nur kurz und nehmen keinerlei Nahrung auf. Folglich sind sie auch keine Blutsauger. Die räuberischen, dämmerungs- und nachtaktiven Larven schweben mit Hilfe ihrer Schwimmblasen in verschiedenen Wasserschichten. Durch Vergrößern bzw. Verkleinern der Schwimmblasen verändern sie ihr spezifisches Gewicht und können so auf- und absteigen. Reglos verharren sie an einer Stelle, bis ein Beutetier wie ein Wasserfloh naht. Dann schnellen sie urplötzlich nach vorne und packen es mit ihren Fangarmen. Tagsüber vergraben sich die Larven meist im Bodenschlamm.

Zuckmücken
Chironomus-Arten

Merkmale Ähneln Stechmücken. Schlank wurmförmige Larven (Foto unten); in sauerstoffarmen Gewässern rot gefärbt.
Lebensweise Sie können derartig riesenhafte Schwärme bilden, dass sie wie Rauchsäulen am Himmel stehen. Wegen dieser Mückenschwärme wurde sogar schon die Feuerwehr alarmiert. Aber keine Sorge, Zuckmücken stechen nicht. Die nur aus Männchen bestehenden Schwärme finden sich in Gewässernähe zusammen, um Weibchen anzulocken. Diese fliegen in die Schwärme hinein, paaren sich und werfen rund 3000 Eier über dem Wasser ab. An manchen Teich- und Seeufern bilden sich dann regelrechte, gelbliche Überzüge an Schilfstängeln und Steinen. Wenige Tage danach sterben beide. Die Ernährungsweise der Larven ist außerordentlich vielgestaltig: Die meisten ernähren sich im Schlamm von organischen Abfällen. Es gibt aber auch Kleintier fressende Räuber und Pflanzenfresser unter ihnen. Einige leben als Parasiten in verschiedenen Wassertieren wie Wasserschnecken oder Libellenlarven, andere bauen sich Gehäuse aus klebrigem Speichel, den sie mit Sandkörnchen oder Pflanzenresten verspinnen. Sie tarnen, schützen und dienen als Kokon für die Larven. Nach 1 Jahr verpuppen sie sich für wenige Tage. Schließlich verlassen die Puppen ihre Gehäuse und schwimmen zur Oberfläche.

Gnitzen, Bartmücken
Bezzia-Arten

Merkmale Winzige, fliegenähnliche Mücken.
Lebensweise Die Weibchen leben als Blutsauger an Tieren und Menschen und können recht schmerzhaft stechen. Sie injizieren in die Wunden ihren gerinnungshemmenden Speichel, der heftigen Juckreiz auslöst. Die Männchen ernähren sich von Blütensäften. Die in Gallerte verpackten Eier bilden häufig im Hochsommer einen schwarzen Belag auf Wasserpflanzen oder dem freien Wasser. Die schlanken, bis 15 mm langen Larven ernähren sich von Wassertieren, insbesondere von Larven anderer Mücken.

Fische

Fische in freier Natur zu beobachten, ist wirklich schwierig. Daher ist es kein Wunder, dass viele zwar Rotkehlchen und Zaunkönig unterscheiden können, beim Thema Fisch aber eher an leckere Filets denken. So ist wohl jeder „Fischeinsteiger" erst einmal perplex, wie unterschiedlich Fische aussehen und sich auch verhalten. Hervorragend lassen sich heimische Süßwasserfische übrigens im Tümpelaquarium beobachten: Hier zeigt sich, wie perfekt ihre Gestalt den jeweiligen Lebensgewohnheiten angepasst ist. Am bekanntesten ist sicher der „Heringstyp": Schlank und langgestreckt ist er ein flinker Schwimmer und kann im freien Wasser Beute jagen. Im Teich begegnen wir ihm in Form der Laube. Gemächlicher sind Arten wie Karausche und Bitterling: Seitlich zusammengedrückt und mit hohem Rücken halten sie sich gern beschaulich im Gewirr der Wasserpflanzen auf. Nahezu drehrund mit abgeflachtem Kopf ist der Gründling ein typischer Teichgrundbewohner.
Ein Phänomen ist das Fischmaul: Seine Form und Ausrichtung verrät, wo der Fisch nach Nahrung sucht. Fische wie die Laube, deren Mäuler nach oben geöffnet sind, suchen ihre Nahrung bevorzugt an der Wasseroberfläche. Fische wie der Gründling, deren Mäuler sich nach unten öffnen, ernähren sich gewöhnlich von Pflanzen und Kleintieren am Gewässergrund.

Flussbarsch
Perca fluviatilis

Merkmale 20–35 cm lang; seitlich abgeflacht mit relativ hohem, olivgrünem Rücken; Bauchseite silberweiß; Bauch- und Afterflosse orange gefärbt.

Lebensweise Der anpassungsfähige und häufige Flussbarsch ist in jedem stehenden und fließenden Gewässer anzutreffen. Dabei bevorzugt er klares Wasser und meidet starke Strömungen. Seine etwas vergrößerte, endständige Mundspalte verrät ihn als Räuber kleinerer Fische. Über ihre klebrigen Eier, die am Gefieder von Wasservögeln haften bleiben, besiedeln Flussbarsche schnell neue Gewässer. Zwischen März und Juni legen die Weibchen ihre 20 000–100 000 Eier in bis zu 1 m langen gallertigen Bändern („Laichschnüre") kreuz und quer zwischen Wasserpflanzen und Steinen ab. Sie werden unmittelbar nach der Ablage von den Männchen befruchtet. Jungfische halten sich bevorzugt in Schwärmen in Ufernähe auf, wo sie Insektenlarven und Kleinkrebse erbeuten. Die älteren Fische sind typische Einzelgänger, die wir eher im offenen Wasser finden.

Bis zu 1 m lange, gallertartige Laichschnur (oben) vom Flussbarsch

Rotauge, Plötze
Rutilus rutilus

Merkmale Spindelförmiger, 20–30 cm langer Fisch; roter Augenring (Name).

Lebensweise Rotaugen sind sehr häufige und anpassungsfähige Schwarmfische, die selbst mäßig verschmutzte Teiche und Tümpel besiedeln. Sie halten sich bevorzugt in der pflanzenreichen Uferzone auf, wo sie sich von Pflanzen und Kleintieren wie Kleinkrebse und Würmer ernähren. Das Ablaichen findet im April und Mai unter lautem Geplätscher in flachen, bewachsenen Uferzonen statt. Die klebrigen Eier haften an Wasserpflanzen und Steinen.

Ähnliche Art Rotfeder (siehe unten).

Beobachtungstipp:
Ein auffallendes und typisches Merkmal aller Fische ist eine Linie, die entlang der Körperseiten verläuft. Bei genauerem Hinsehen erkennen Sie, dass hier die Schuppen regelrecht durchlöchert sind. Es handelt sich um das Seitenlinienorgan, das ähnlich wie unser Gleichgewichtssinn funktioniert: Es erlaubt den Fischen, sich anhand von Strömungs- und Druckunterschieden im Wasser zu orientieren, aber auch zappelnde Beute im Wasser zu orten.

Rotfeder
Scardinius erythrophthalmus

Merkmale Hochrückiger, seitlich abgeflachter, 20–30 cm langer Fisch mit roten Bauch- und Afterflossen; goldgelber Augenring.

Lebensweise Rotfedern besiedeln ebenso wie Rotaugen flache, pflanzenreiche Gewässer, sind hier aber bei weitem nicht so häufig wie Rotaugen. Rotfedern ernähren sich von Algen, Laichkraut und anderen Wasserpflanzen, fressen daneben aber auch an den Wasserpflanzen sitzende Kleinkrebse, Insektenlarven, Würmer und Schnecken. Zur Laichzeit im April und Mai bilden sie häufig kleine Schwärme, in denen man sie zusammen mit Rotaugen antrifft. Insbesondere in fischereilich genutzten Teichen tun Rotfedern gute Dienste als Konsumenten lästiger Algen und Wasserlinsen.

Ähnliche Art Rotauge (siehe oben).

Karausche
Carassius carassius

Merkmale Hochrückiger, 15–30 cm langer Karpfenfisch ohne Barteln; große Schuppen. **Lebensweise** Dieser häufige Bodenfisch lebt in kleinen, verkrauteten Tümpeln, in denen sich kaum eine andere Fischart halten kann. Als zähe und anpassungsfähige Art erträgt sie einen hohen Grad an Wasserverschmutzung und Sauerstoffmangel. Trocknet ihr Wohngewässer aus, kann sie noch einige Zeit im feuchten Schlamm überleben, auch den Winter verbringt sie im Schlamm eingegraben. Ihre Nahrung besteht aus Pflanzen und bodenlebenden Kleintieren wie Insektenlarven. **Ähnliche Arten** Durch Kreuzungen zwischen Karauschen, Karpfen (*Cyprinus carpio*) und Giebel (*Carassius gibelio*) kommt es zu schwer bestimmbaren Zwischenformen.

Ukelei, Laube
Alburnus alburnus

Merkmale Schlank; heringsähnlich; 12–15 cm lang; lange Afterflosse; starker Silberglanz. **Lebensweise** Die schlanke Gestalt verrät ihn als lebhaften und gewandten Schwimmer. Seine steil nach oben gerichtete Mundspalte zeigt uns, dass er nahe der Wasseroberfläche lebt und dort auch seine Nahrung (Plankton, Kleinkrebse, Insektenlarven) sucht. Meist tummeln sich die geselligen Fische hier in kleinen Schwärmen. Magenuntersuchungen zeigten, dass bei 50 % der Fische die Kost sogar ausschließlich aus Anflugnahrung bestand, wie z. B. aus ins Wasser gefallenen Luftinsekten. Sie laichen von April bis Juni an untergetauchten Wasserpflanzen oder an Steinen.

Moderlieschen
Leucaspius delineatus

Merkmale Bis 10 cm langer, schlanker und silberglänzender Fisch mit stahlblauem Flankenstreifen und großen Augen.

Lebensweise Wie die nach oben ragende Mundspalte verrät, lebt das Moderlieschen in den obersten Wasserschichten und schnappt sich hier gerne Luftinsekten von der Wasseroberfläche. Die geselligen Schwarmfische ernähren sich aber auch von kleinen Pflanzen und Tieren und halten sich gerne zwischen üppigen Unterwasserpflanzen auf. Im April und Mai kleben Moderlieschen ihre etwa 150 Eier spiralig um Pflanzenstängel. Die Männchen betreiben Brutpflege, indem sie den Eiern Frischwasser zufächeln und wiederholt über das Gelege streichen. Dabei schmieren sie das Gelege mit Körperschleim ein und verhindern so den Befall mit Bakterien und Pilzen. Dieses Verhalten lässt sich auch hervorragend im Tümpelaquarium beobachten! Nach knapp 2 Wochen schlüpfen die Jungfische.

Beobachtungstipp:
Dass Fische ebenso fürsorgliche Eltern sein können wie Vögel, können Sie hautnah im Aquarium miterleben. Besonders Moderlieschen, Bitterling und Stichling (Foto) eignen sich aufgrund ihrer geringen Größe und ihrer Brutfürsorge zur Beobachtung im Tümpelaquarium. Dabei können Sie beobachten, wie das Moderlieschen-Männchen seinen Eiern Frischwasser zufächelt, wie das Bitterling-Weibchen mit seiner schlauchartigen Legeröhre seine Eier ins Innere von Teichmuscheln „einsticht“ oder wie das prächtig gefärbte Stichling-Männchen ein Nest am Grund errichtet und anschließend seine Liebste mit Zickzacktänzen dorthin lockt.

Bitterling
Rhodeus sericeus amarus

Merkmale Mit 5–6 cm Länge einer der kleinsten europäischen Karpfenfische; Männchen zur Laichzeit von Mai bis Juni im bunten Hochzeitskleid: orangerote Brust und Bauch, blaue Seiten; Weibchen dann mit auffälliger, bis zu 5 cm langer Legeröhre am Bauch.
Lebensweise Bitterlinge sind gesellige Schwarmfische pflanzenreicher Uferzonen. Hier fressen sie hauptsächlich Algen und weiche Teile höherer Pflanzen, aber auch verschiedene Kleintiere. Bemerkenswert ist die Fortpflanzung des Bitterlings. Sie können sich nur in Gewässern vermehren, in denen große Muscheln wie Teichmuscheln (*Anodonta*) leben. Fehlen sie, so legt das Männchen nicht einmal sein Hochzeitskleid an. Hat er eine Muschel gefunden, färbt er sich prächtig bunt, verteidigt die Muschel gegen Konkurrenten und lockt durch Balzspiele ein Weibchen zur Muschel. Das Weibchen führt seine Eier mit der Legeröhre in die Ausströmöffnung der Muschel ein. Bald schlüpfen die Jungen. Geschützt vor Feinden und wohlversorgt mit frischem Sauerstoff wachsen sie hier in 2–3 Wochen zu ca. 1 cm großen Jungfischen heran. Sie verlassen ihre „Wohnmuschel" schließlich durch die Ausströmöffnung.

Gründling
Gobio gobio

Merkmale Bis zu 15 cm langer, nahezu drehrunder Fisch; große Augen; an den Flanken bis zu 11 bläuliche Flecken in Längsreihe.
Lebensweise Wie schon ihr unterständiges Maul und ihr abgeflachter Kopf verraten, leben sie am Gewässerboden. Hier bilden sie lockere Schwärme. Mit ihren Bartfäden spüren sie Insektenlarven, kleine Krebse und Würmer am Boden auf, den sie dabei regelrecht durchwühlen. An trüben Stellen suchen sie auch im freien Wasser nach Nahrung. Zur Laichzeit im Mai und Juni versammeln sie sich an flachen Uferzonen mit sauberem Sand- oder Kiesgrund. Dort kleben sie ihre Eier in kleinen Klumpen an Steine oder Pflanzen an. Wo solche Laichplätze fehlen, kommt der ansonsten anpassungsfähige Gründling nicht mehr vor.

Dreistacheliger Stichling
Gasterosteus aculeatus

Merkmale Schlanker, bis zu 9 cm langer Fisch; 3–5 auffällige Stacheln (Name) vor der Rückenflosse, werden bei Bedrohung aufgerichtet; Männchen zur Laichzeit bunt gefärbt (Foto rechts oben): smaragdgrüner bis blauer Rücken, rote Kehle, Brust und Bauch.

Lebensweise Außerhalb der Laichzeit leben die Stichlinge in lockeren Schwärmen in pflanzenreichen Stillwasserzonen. Sie fressen Kleintiere wie Kleinkrebse, Insektenlarven und Würmer. Daneben räubern sie aber auch Laich und Jungfische, selbst Nester der eigenen Art werden geplündert. Zur Laichzeit zwischen März und Juni legt das Männchen sein buntes Hochzeitskleid an und bildet ein Revier am Teichgrund. Hier baut er aus Pflanzenmaterial ein Nest. Durch einen Zickzacktanz lockt er nun nacheinander mehrere Weibchen zum Nest, die ihre Eier hineinlegen. Das Männchen befruchtet die Eier, die er vor Feinden schützt und denen er Frischwasser zufächelt. Auch die geschlüpften Jungfische werden noch einige Zeit vom Vater beschützt, bis sie selbst zu gewandten Schwimmern herangewachsen sind.

Zwergstichling
Pungitus pungitus

Merkmale 4–7 cm langer Fisch mit 8–11 aufrichtbaren Stacheln vor der Rückenflosse.

Lebensweise Sie leben in kleineren, stärker verkrauteten Teichen und Tümpeln als der Dreistachlige Stichling. Hier fressen sie hauptsächlich Kleinkrebse, Würmer, Insektenlarven und Fischlaich. Durch Trockenlegungen von Kleingewässern gelten sie heute in Deutschland als gefährdet. Zur Laichzeit von April bis August bauen die Männchen ihre Nester hoch zwischen Wasserpflanzen. Fortpflanzung ähnlich wie beim Dreistachligen Stichling (siehe oben).

Lurche

Lurche heißen auch Amphibien. Das Wort „amphibisch“ kommt aus dem griechischen und bedeutet „doppellebig“. Diese Doppellebigkeit bezieht sich auf das zweigeteilte Leben von Molchen und Fröschen: Ihre Jugendstube verbringen sie als fischähnliche Wesen im Wasser, ihr Erwachsenendasein findet bei den meisten Arten an Land statt. Viele Lurche suchen das Wasser sogar nur noch zur Paarung und Ablage ihrer Eier auf.

Lurche werden in zwei große Gruppen unterteilt: in Schwanzlurche mit den überwiegend im Wasser lebenden Molchen und landlebenden Salamandern und in Froschlurche, zu denen Kröten, Frösche und Unken zählen. Dabei bilden die noch recht fischähnlichen Schwanzlurche die ursprünglichste Gruppe innerhalb der Landwirbeltiere. Typisch ist ihr langer Schwanz, der bei den Larven und den erwachsenen Tieren ausgebildet ist. Die Froschlurche haben dagegen die typische „froschförmige“ Gestalt, wie wir sie von Grasfröschen und Erdkröten kennen.

Vom Ei zum Lurch

Froschlurche: Die Paarung der Erdkröten findet im Wasser statt, wobei das Männchen Huckepack auf dem Weibchen sitzt. Das Männchen befruchtet die Eier, nachdem das Weibchen diese ins Wasser ausgepresst hat. Die von einer gallertigen, klebrigen Hülle umgebenen Eier halten als Laich zusammen und werden an verschiedenen Strukturen unter Wasser angeklebt. Im Wasser quillt der Laich auf und nimmt dabei erheblich an Umfang zu. Bereits nach 3 Tagen lassen sich die Umrisse der Larven

erkennen, die nach etwa 3 Wochen schlüpfen. Zunächst entwickeln sich an jeder Körperseite 3 äußere Kiemen, der Schwanz erhält einen Flossensaum und wird zum Ruderschwanz. Nun können die Kaulquappen – so heißen die Larven – frei schwimmen und ernähren sich ab jetzt selbstständig von Algen und anderen Wasserpflanzen sowie pflanzlichen und tierischen Abfallstoffen. Eine Hautfalte wächst über die äußeren Kiemen und mit der Entwicklung der Hinterbeine, dann der Vorderbeine, beginnt die Verwandlung von der fischähnlichen Kaulquappe zur Kröte.

Schwanzlurche: Ihre Entwicklung läuft im Wesentlichen ähnlich ab. Dennoch gibt es einige Unterschiede. Die äußeren Kiemen der Larven sind stets sichtbar und werden nicht

Beobachtungstipp: Laich
Die verschiedenen Lurcharten legen ihren Laich in sehr unterschiedlichen Formen und „Ablagetechniken" ab. Sehr schnell kann man deshalb beim Auffinden von Laichballen zuordnen, wer hier am Werke war.
Molche wickeln ihre Eier einzeln in eingeknickte Blätter ein.
Unken legen sie einzeln oder in kleinen Klümpchen am Boden ab oder befestigen sie an Wasserpflanzen.
Charakteristisch und leicht aufzufinden sind die meterlangen Laichschnüre der Kröten, in denen die bräunlichen bis schwärzlichen Eier stets zweireihig angeordnet sind („Doppelschnüre", Foto oben).
Der Laubfrosch legt seine walnussgroßen Laichballen am Gewässergrund ab oder heftet sie an Wasserpflanzen an.
Die faustgroßen Laichballen der Grünfrösche sinken auf den Gewässergrund, die der Braunfrösche (Foto unten) schwimmen auf dem Wasserspiegel oder schweben frei im Wasser.

von Hautfalten überwachsen. Und schließlich entwickeln sich bei den Larven während der Verwandlung zum erwachsenen Tier zuerst die Vorderbeine, dann die Hinterbeine.

Im Winter wird geruht

Lurche zählen gemeinsam mit den Fischen und Kriechtieren zu den wechselwarmen Wirbeltieren. Um im Winter bei Frosttemperaturen nicht einzufrieren, fallen Lurche in eine 5–8 Monate dauernde Winterruhe. Hierzu suchen sie sich im Herbst frostsichere Verstecke unter Baumstümpfen, Steinen oder im Schlamm.

Beobachtungstipp:
An der Larve lässt sich recht leicht unterscheiden, ob es sich um künftige Schwanz- oder Froschlurche handelt.
Larven der Schwanzlurche Die länglichen Larven (Foto oben) sehen den Erwachsenen schon recht ähnlich, nur dass sie am Vorderkörper 3 Paar äußere Kiemen ausgebildet haben. Nahrung: Wasserflöhe und Zuckmückenlarven.
Larven der Froschlurche Sie haben einen runden Körper und sind unter dem Namen Kaulquappen bekannt (Foto unten). In der Gestalt unterscheiden sie sich sehr von den erwachsenen Tieren. Sie sind Pflanzenfresser.

Molche und Salamander

Molche und Salamander sind die Prototypen an Land gegangener Wirbeltiere. Ihre Haut ist noch empfindlich gegen Austrocknung, so dass sie an Land nur bei regnerischem Wetter aktiv sind, am liebsten aber nachts, wenn es feucht ist und kühl. Bei Tageslicht halten sie sich in feuchten Verstecken auf. Auch ihre Fortbewegung ist an Land eher langsam.
Ihr halbes Leben, etwa von März bis Oktober, verbringen die Molche im Wasser. Hier sind sie behände Schwimmer, paaren sich und legen ihre Eier an Wasserpflanzen ab. Eine Besonderheit sind ihre Hochzeitstrachten: Rechtzeitig zur Paarung im Frühjahr verwandeln sich die Männchen in kleine, bunte, drachenähnliche Wesen mit gezackten Rückenkämmen und Schwanzsäumen. So geschmückt werben sie um die Gunst der Weibchen.
Anders der Feuersalamander: Er lebt ausschließlich an Land in feuchten Wäldern, nur seine Larven leben noch im Wasser.

Kammmolch
Triturus cristatus

Merkmale Mit bis zu 18 cm Körperlänge die größte und kräftigste heimische Molchart; Männchen von Mitte März bis Mitte Juli in auffällig bunter Hochzeitstracht mit hohem, tief gezacktem Kamm auf dem Rücken.

Lebensweise Im Winter sind Kammmolche höchstens zufällig zu entdecken, wenn Sie in Gewässernähe (aber auch bis zu 800 m vom Gewässer entfernt) alte Baumstümpfe oder Steine umdrehen. Dann sind die Tiere wie „steifgefroren", unbeholfen und träge. Sie kommen nur nachts aus ihren Verstecken, um Regenwürmer oder Nacktschnecken zu erbeuten. Erst im März erwachen sie zum Leben: Dann krabbeln sie in saubere Teiche oder Kiesgruben mit reichlich Wasserpflanzen, um sich fortzupflanzen. Hier erbeuten die flinken Schwimmer hauptsächlich am Teichgrund lebende Flohkrebse und Larven von Eintags- und Köcherfliegen. Die Männchen legen ihre Hochzeitskleider an und warten am Teichgrund auf die Weibchen, die sie mit Katzenbuckeln und Schwanzschlägen heftig umwerben. Nach der Paarung wickelt das Weibchen mehrere Wochen lang jedes seiner 200–300 Eier einzeln in Wasserpflanzenblätter ein! Die etwa 1 cm großen Larven schwimmen im Wasser umher und erbeuten hauptsächlich Wasserflöhe. Nach 3–4 Monaten haben sie sich zu

etwa 8 cm großen Jungmolchen entwickelt. Gemeinsam mit der älteren Generation verlassen sie etwa Mitte Oktober ihr Gewässer und suchen sich Verstecke an Land unter Baumwurzeln, Steinen oder in Erdlöchern.
Der prachtvolle Kammmolch ist nahezu überall gefährdet oder vom Aussterben bedroht. In verschmutzten Gewässern kann er sich nicht fortpflanzen und wo alte Baumstümpfe und Steinhaufen nicht mehr herumliegen dürfen, findet er keine Winterverstecke. Auch das Einsetzen von Fischen in Teiche ist für ihn problematisch, weil sie seine Eier und Larven auffressen.

Teichmolch
Triturus vulgaris

Merkmale Schlanker, feingliedriger, bis zu 11 cm langer Molch mit gestreiftem Kopf; sehr buntes Hochzeitskleid (Foto unten) des Männchens mit gewelltem Rückenkamm.
Lebensweise Von allen Molchen ist der Teichmolch am wenigsten anspruchsvoll, was seinen Lebensraum betrifft. Als Kulturfolger besiedelt er sogar Parks und trübe Dorfweiher. Ab März wandern die Teichmolche in ihre Gewässer und bleiben hier meist bis Juli. Hier sind die Schwimmer des freien Wassers recht gut zu beobachten. Sie erbeuten hauptsächlich Wasserflöhe. Paarung und Eiablage erfolgen wie beim Kammmolch. Zuckmücken- und Kleinlibellenlarven sowie verschiedene Kleinkrebse sind die Beute der am Gewässergrund lebenden Larven. Am Ende des Sommers verlassen alle Molche das Wasser, entwickeln eine unauffällige Landtracht (Foto oben) und suchen feuchte und kühle Versteckplätze (unter Steinen, Moos und Holz) auf. Im Winter ernähren sie sich von Regenwürmern und Nacktschnecken. Die Jungmolche bleiben 2–3 Jahre an Land und kehren erst ins Wasser zurück, wenn sie selber geschlechtsreif sind.
Ähnliche Art Der **Fadenmolch** (*T. helveticus*) ähnelt ihm in Größe und Gestalt.

Bergmolch
Triturus alpestris

Merkmale Bis zu 12 cm langer, markant gefärbter Molch mit schwarz-weißem Gittermuster an den Körperseiten. Hochzeitstracht des Männchens (Foto unten) mit gefleckter Rückenleiste. Larve (Foto Mitte).

Lebensweise Etwa zwischen September und März lebt der Bergmolch an Land unter verrottendem Holz, in Aushöhlungen zwischen Baumwurzeln oder unter größeren Steinen. Hier ernährt er sich von Würmern, Asseln, Spinnen, Insekten und deren Larven. In niederen Lagen Mitteleuropas kommt er vor allem in Laubwäldern vor, aber auch im Hochgebirge oberhalb der Baumgrenze (Name). Seine kühlen, vegetationsarmen Laichgewässer liegen im Halbschatten oder Schatten. Ab März bis Mitte Mai sucht er sie auf und verlässt sie wieder zwischen Mitte Mai und August. Seine Nahrung besteht aus Wasserinsekten, Kleinkrebsen, Würmern und Kaulquappen. Das Weibchen faltet ihre bis zu 250 Eier pro Saison in Wasserpflanzenblätter ein. Je nach Wetterlage, meist ab Oktober, ziehen sich Bergmolche in ihre frostfreien Winterquartiere unter Baumwurzeln, im Erdboden oder unter Steinen zurück, wo sie häufig in größeren Ansammlungen reglos verharren.

Feuersalamander
Salamandra salamandra

Merkmale Unverkennbarer, bis zu 20 cm langer, plumper Salamander mit sehr variabler, gelb-schwarzer Fleckenzeichnung.

Lebensweise Er bewohnt bevorzugt die Randbereiche feuchter Laubwälder. Hier versteckt er sich tagsüber unter Baumwurzeln, Falllaub oder in Felsspalten. Erst zur Dämmerung oder bei regnerischem Wetter kriecht er hervor und wandert langsam durch den Wald. Dabei erbeutet er vielerlei Insekten, Schnecken, Asseln und Würmer. Die Weibchen legen ihre befruchteten Eier nicht ins Wasser, sondern diese entwickeln sich in ihrer Gebärmutter. Nach einer Tragzeit von etwa 8 Monaten setzt es 8–60 voll entwickelte, bis zu 3,5 cm lange Larven (Foto oben) in kühle, sauerstoffreiche und saubere Gewässer ab. Nach etwa 4 Monaten ist die Entwicklung der Jungsalamander abgeschlossen, im Alter von 2–4 Jahren werden sie geschlechtsreif. Je nach Witterung ziehen sich Feuersalamander ab Oktober in ihre frostfreien Winterquartiere im Wurzelbereich der Bäume, in Fels- und Mauerspalten, im Falllaub oder unter größeren Steinplatten zurück. Feuersalamander produzieren ihre konzentrierten Hautgifte in den länglichen, wulstförmigen Ohrdrüsen am Kopf. Achtung! Nach Kontakt unbedingt Hände waschen! Das Gift brennt, wenn es in die Augen kommt.

Molche und Salamander: Eine Familie für sich

Molche und Salamander unterscheiden sich durch ihre Lebensweise: Salamander sind mehr ans Landleben angepasst, Molche halten sich längere Zeit im Wasser auf. Alle Molche und Salamander produzieren giftige Hautausscheidungen. Während Teichmolche noch eine ausgesprochen beliebte Beute vieler Vögel sind, scheint der Feuersalamander besonders schlecht zu schmecken. Bei entsprechender Dosierung wirkt das in seiner Haut enthaltene Gift Samandrin sogar tödlich. Zudem verhindern die Hautgifte eine Besiedlung mit Bakterien und Pilzen, die in dem feuchten Milieu der Tiere hervorragend gedeihen würden.

Kröten, Unken und Frösche

Sie sind die Hüpfer, Springer und Kletterer unter den Lurchen und im Gegensatz zu den Molchen und Salamandern besitzen nur noch ihre im Wasser lebenden Larven einen Schwanz. Typisch für viele Froschlurche sind ihre Schallblasen, mit denen sie lautstarke Männerchöre bilden. Neben den Unken mit ihrer leuchtend gefärbten Unterseite gehören die Kröten mit ihrer warzigen Haut, die Echten Frösche, die mit ihren langen Hinterbeinen meterweite Sprünge vorführen, und schließlich die zarten Laubfrösche mit den Haftscheiben an den Zehen dazu.

Erdkröte
Bufo bufo

Merkmale Häufigste und mit bis zu 15 cm Körperlänge größte, braun bis ockerfarben gefärbte Kröte; waagerecht gestellte Pupillen; zahlreiche Hautwarzen; 2 große Ohrdrüsen zur Produktion der giftigen Bufotoxine.
Lebensweise Man trifft die überaus anpassungsfähige Erdkröte praktisch in der Nähe jedes Kleingewässers. Sie ist überwiegend nachtaktiv, tagsüber versteckt sie sich in selbst gegrabenen Höhlen, im Wurzelbereich der Bäume, unter Holzhaufen und Steinen. In den ersten warmen Frühlingstagen verlässt sie ihr

Winterquartier unter Steinen, Laub oder Brettern und watschelt zu ihrem Laichgewässer. Bekannt ist die Erdkröte für ihre Treue zum Geburtsort. Selbst längst zerstörte Laichgewässer werden über viele Jahre immer wieder aufsucht. Die Kröten finden ihren Partner meist schon auf ihren Wanderungen. Nicht selten trägt das kräftigere Weibchen ihren Partner Huckepack zum Laichgewässer.
Die Männchen bleiben im Gewässer auf dem Rücken der Weibchen sitzen. Sie besamen sofort die von ihr ausgepressten, meterlangen Laichschnüre. Anschließend wickelt das Weibchen diese um Wasserpflanzenstängel. Eine solche Schnur kann mehr als 5000 Eier enthalten. Nach 2 Wochen schlüpfen die Larven. Sie leben gesellig in riesengroßen Schwärmen im Teich, die sich wie schwarze Bänder durchs Wasser ziehen. Nach 2–3 Monaten verlassen sie als winzige Krötchen das Wasser und ver-

streuen sich in der Umgebung. Die erwachsenen Erdkröten verlassen ihre Laichgewässer bereits wenige Tage nach der Paarung und kehren zu ihrem verborgenen, nächtlichen Landleben unter Steinen, Wurzeln und anderen Verstecken zurück. Hier verbringen sie den Sommer, Herbst und Winter.

Ähnliche Arten Die kleinere und seltenere **Kreuzkröte** (*B. calamita*) und die auffällig grün und beige gefleckte **Wechselkröte** (*B. viridis*).

Gelbbauchunke
Bombina variegata

Merkmale Bis zu 5 cm lang; schlammfarben mit leuchtend gelb bis orange geflecktem Bauch; herzförmige Pupille.

Lebensweise Die munteren und geselligen Gelbbauchunken leben das ganze Jahr über an oder in flachen, pflanzenarmen und besonnten Tümpeln, die sich im Frühjahr schnell erwärmen. Die Winterquartiere liegen in lichten Waldrandbereichen unter Steinen, totem Holz oder in feuchter Erde. Ab Mitte April suchen sie ihre Laichgewässer auf. Mit ihren Chorgesängen, einem wohltönenden, glockenartigen, leisen „ung... ung", locken die Männchen die Weibchen an. In Anpassung an ihre periodisch austrocknenden Laichgewässer pflanzen sich Unken bis zu dreimal im Jahr fort.

Ähnliche Art Die **Rotbauchunke** (*B. bombina*) mit dem orangerot gefleckten Bauch.

Beobachtungstipp:
Fühlen sich Unken außerhalb des Wassers in Gefahr (z. B. wenn man sie hochnimmt), präsentieren sie reflexartig mit durchgebogenem Rücken und hochgezogenen Beinen ihre gelb-schwarze Zeichnung und sondern ein ätzendes Hautsekret ab. Fressfeinden wie Mardern und Ringelnattern signalisiert diese Unkenreflex genannte Schreckstellung: „Vorsicht! Ich bin ungenießbar!"

Braunfrösche und Grünfrösche
Einen Frosch als solchen zu erkennen gelingt schon kleineren Kindern. Die richtige Art hingegen zu bestimmen, bereitet selbst Spezialisten oft Mühe. Aufgrund von Färbung und Lebensweise unterscheidet man Braunfrösche von den Grünfröschen.
Zu den braunen oder bräunlichen Braunfröschen zählen Gras-, Moor- und Springfrosch. Sie alle haben kräftige, lange Hinterbeine und leben überwiegend als Einzelgänger an Land. Braunfrösche besitzen keine oder nur innere Schallblasen, die von außen kaum zu sehen sind. Vertreter der grünen Grünfrösche sind die geselligen Teich-, See- und Wasserfrösche. Meist trifft man sie im Wasser, wo sie mit ihren auffallenden Schallblasen laut herumquaken.

Grasfrosch
Rana temporaria

Merkmale Großer, kräftiger, bis zu 11 cm langer Braunfosch.
Lebensweise Außerhalb der Fortpflanzungszeit lebt er in Gärten und Parks, wo er sich tagsüber meist in feuchten Verstecken aufhält. Er ernährt sich von Käfern, Spinnen, Asseln und Heuschrecken. Schon zwischen Mitte Februar und Mitte April wandern sie stellenweise in regelrechten Karawanenzügen zu ihren Geburtsgewässern, wo sie sich an sonnenbeschienenen Ecken konzentrieren und sich in großer Zahl gleichzeitig fortpflanzen. Die Männchen erzeugen mit 2 inneren Schallblasen ein tiefes Knurren. Sie umklammern die Weibchen dicht hinter den Vorderbeinen und besamen sofort die ausgepressten Eier. Im Wasser quillt der Laichballen mit bis zu 4500 Eiern stark auf. Je nach Witterung schlüpfen die Larven nach 2–4 Wochen und entwickeln sich bis Juli zu kleinen Jungfröschen, die das Gewässer verlassen.
Ähnliche Arten Der **Moor-** (*R. arvalis*) und **Springfrosch** (*R. dalmatina*).

Teichfrosch
Rana lessonae

Merkmale Kleiner, meist 4–5 cm langer Grünfrosch.
Lebensweise Er bewohnt kleine Gewässer wie Tümpel und Teiche. Zur Nahrungssuche geht der tagaktive Frosch gelegentlich auch an Land. Mit den paarigen Schallblasen, die hinter den Mundwinkeln ausgestülpt werden, erzeugen die Männchen ein breites Spektrum weit hallender Quaklaute. Man kann sie den ganzen Sommer lang hören. Bei der Paarung umklammert das Männchen sein Weibchen. Der Laich aus bis zu mehreren tausend Eiern tritt in kleinen Ballen aus und sinkt zu Boden. Nach etwa 1 Woche schlüpfen die Kaulquappen, nach 3–4 Monaten sind sie zu Jungfröschen herangewachsen. Von September bis März verharren Teichfrösche in frostfreien Verstecken an Land.
Ähnliche Arten Sehr ähnlich sind **Seefrosch** (*R. ridibunda*) und **Wasserfrosch** (*R. esculenta*).

Laubfrosch
Hyla arborea

Merkmale Zierlich; grasgrün; glatte Haut.
Lebensweise Er ist ein richtiger „Kletterfrosch“. Er verbringt den Großteil seines Lebens auf Bäumen und Sträuchern. Hier fängt er bei schönem Wetter sehr geschickt fliegende Insekten und Spinnen. Mit Hilfe seiner Haftscheiben an den Zehen und der klebrigen Bauchseite kann er sogar an senkrechten Glasscheiben hochklettern. Er überwintert eingegraben in der Erde, unter Laub oder zwischen Wurzeln. Ab April sucht er seine sonnigen Laichgewässer auf, die dicht mit Wasserpflanzen bewachsen sind. In der Abenddämmerung auf der Wasserfläche treibend stimmen die Männchen mit ihrer großen Schallblase an der Kehle ihren lauten Chorgesang an, mit dem sie die Weibchen heranlocken. Die Larven entwickeln sich in 6–11 Wochen zu fertigen Laubfröschen. Als 16 mm lange Jungfrösche verlassen sie im Hochsommer die Gewässer und werden mit 1–3 Jahren geschlechtsreif.

Kriechtiere

Kriechtiere (Reptilien), deren häufigste und bekannteste Vertreter Eidechsen, Schildkröten und Schlangen sind, finden wir eher ausnahmsweise und zufällig an Gewässern. Mit ihrer schuppigen Haut sind sie ganz im Gegensatz zu den Lurchen geradezu an heiße und trockene Lebensräume angepasst. Gern halten sie sich auf aufgeheizten Totholzhaufen und Steinhaufen in der Sonne auf. Aber auch unter ihnen haben einige den gedeckten Tisch in Teichen und Tümpeln entdeckt! So ist die Ringelnatter eine ganz ausgezeichnete Schwimmerin und geht regelmäßig auf Beutezüge in Teichen und Tümpeln. Hier erbeutet sie Frösche, Kröten, Molche, aber – da sie gut taucht – auch kleinere Karpfen, Karauschen und Gründlinge. Selbst wenn unsere Tischmanieren es zuließen: Wir könnten nicht so große Bissen zu uns nehmen wie eine Schlange. Häufig ist ihr Happen deutlich größer als ihr gesamter Kopf – und er wird stets im Ganzen verschlungen. Das Geheimnis ihrer extrem dehnbaren Mundöffnung liegt im Bau des Schlangenschädels verborgen: Statt aus großen Knochenplatten wie bei uns ist der Schädel aus sehr beweglichen Teilen konstruiert. So ist der Unterkiefer mit dem übrigen Schädel lediglich mit elastischen Bändern verbunden, das eigentliche Kiefergelenk fehlt. Da Schlangenzähne nur zum Festhalten geeignet sind, nicht aber zum Zerkleinern und Kauen, würgen sie die Beute mühsam, Stück für Stück, hinunter. Was uns schwer im Magen läge, kann die Schlange problemlos verdauen: Außerordentlich wirksame Verdauungssekrete lösen die Beute einschließlich der Knochen komplett auf.

Ringelnatter
Natrix natrix

Merkmale Unsere häufigste, bis zu 1 m lange, schiefer- bis grüngraue Schlange; 2 helle, mondförmige Flecken am Hinterkopf.
Lebensweise Als Wassernatter bevorzugt sie die Nähe von Gewässern. Daher trifft man

diese tagaktive Schlange häufig im Uferbereich von Teichen, Tümpeln, Bächen und Flüssen, aber auch auf Wiesen, Waldlichtungen und sogar in Gärten an. In den Vormittagsstunden sonnt sie sich ausgiebig, bis ihr Körper warm genug ist, um Jagd auf Frösche, Kröten und Molche zu machen. Die Ringelnatter kann ausgezeichnet schwimmen, ist aber auch an Land sehr beweglich. Sie verschlingt ihre Beute stets lebend. Im Winter hält sie eine mehrmonatige Ruhe an frostfreien Plätzen in der Erde, in Baumstubben oder Laubhaufen. Im März bis April verlässt sie ihr Winterquartier und paart

Beobachtungstipp:
Wird eine Ringelnatter ergriffen, so beißt sie nicht, sondern scheidet eine stinkende, gelbweiße Flüssigkeit aus, deren Geruch noch lange an Haut und Kleidern haftet. Ein eigenartiges Phänomen ist das „Totstellen": Die Tiere drehen sich auf den Rücken und werden völlig schlaff, ihre Zunge hängt aus dem weit geöffneten Maul. Dieser Zustand kann bis zu einer halben Stunde andauern. Wirft man eine „tote" Ringelnatter ins Wasser, so sucht sie rasch das Weite. Vermutlich schützt sie dieser Trick vor Feinden wie Igel, Marder oder Graureiher.

sich. Die 20–50 weichschaligen, weißen Eier legt sie im Juli und August in verrottende Laub- oder Schilfhaufen, gerne auch in Komposthaufen. Dabei kann es zu Gemeinschaftsnestern mit mehreren 1000 Eiern kommen. Nach 4–6 Wochen schlüpfen die winzigen Jungschlangen. Sie ernähren sich zunächst von Würmern, Kaulquappen, Molchlarven und kleinen Fischen. Um wachsen zu können, müssen sich Ringelnattern regelmäßig häuten. Solche abgestreiften Häute, die so genannten „Natternhemden", findet man mit etwas Glück am Gewässerrand.

Die Ringelnatter ist ungiftig und harmlos. Nähert sich ein Mensch, flüchten die scheuen Tiere für gewöhnlich sofort ins Wasser. Da sie sich in Fischzuchtanlagen lediglich von kleinen, oft kranken Fischen („Fischunkraut") ernährt, kann sie sich auch hier kaum unbeliebt machen.

Europäische Sumpfschildkröte
Ein Gast an unseren Teichen und Tümpeln ist die Europäische Sumpfschildkröte (*Emys orbicularis*). Bei uns wurde sie häufig ausgesetzt. Ob sie sich hier auch fortpflanzen kann, ist fraglich. Die Europäische Sumpfschildkröte wird bis zu 20 cm groß und ist durch ihren flachen, dunklen Panzer leicht zu erkennen. Charakteristisch sind zahlreiche gelbe Tupfen und Pünktchen an Kopf und Hals. Sie lebt an stillen, sonnigen Gewässern mit schlammigem Grund und reichlich Wasserpflanzen, wo sie kleine Tiere wie Fische, Frösche und Kleinkrebse erbeutet. Häufig sonnt sie sich hier am Ufer. Bei Gefahr taucht sie schnell ins Wasser.

Vögel

Waren Sie schon einmal mit einem erfahrenen Vogelkundler draußen unterwegs? Dann haben auch Sie vielleicht schon leicht betreten und etwas verunsichert daneben gestanden, als er den (selbst durch ein Fernglas) kaum sichtbaren, bräunlichen Punkt im Schilf eindeutig als Teichrohrsänger bestimmte. Fragt man schüchtern nach dem Wie und Warum, erhält man meist keine befriedigende Antwort. Blättert man dann im Bestimmungsbuch nach und versucht den unscheinbaren, bräunlichen Gesellen wiederzufinden, hat man so richtig keine Lust mehr. Davon gibt es nämlich etliche. Lassen Sie sich nicht bluffen! Vogelbestimmung ist keine Hexerei, es erscheint einem anfänglich nur so. Und man muss wirklich nicht jede Feder an einem Vogel kennen, um zu wissen, wie er heißt. Im Gegenteil. Zuerst guckt man, wo sich der Vogel aufhält. Sitzt er im Schilf? In einer Hecke oder hoch oben in der Baumkrone? Und wie ist seine Gestalt? Eher wie ein Spatz? Oder vielleicht schlanker und länger? Wichtig ist auch immer der Schnabel: Ist er plump und kräftig oder spitz und dünn? Und die Beine? Lang oder kurz? Wichtig, um sich einen Vogel einzuprägen, ist vor allem auch sein Verhalten: Sitzt er festgeklammert an der Spitze eines Schilfhalmes und schmettert sein Lied in die Abenddämmerung oder jagt er pfeilschnell übers Wasser? Pickt er Insekten von Schilfstängeln ab oder taucht er dabei? Und wie ist sein Gesang: Lang anhaltend und wohltönend oder krächzend und knarrend, lang oder kurz? Am wichtigsten ist aber eines: Haben Sie Geduld!
Und hat das alles nichts genützt, sollten Sie Folgendes tun: Freuen Sie sich an der Schönheit, an den Gesängen der Vögel und daran, welch ruhige Stunde sie Ihnen beschert haben. Und mit der Bestimmung klappt's dann ja vielleicht beim nächsten Mal.

Graureiher
Ardea cinerea

Merkmale Storchengroßer, grauer Vogel; fliegt mit s-förmig gekrümmtem Hals.
Lebensweise Meist steht der Graureiher völlig bewegungslos in der Ufervegetation, wo er trotz seiner beachtlichen Größe leicht zu übersehen ist. Oftmals lauert er stundenlang im bis zu etwa 60 cm tiefen Wasser auf Beute, manchmal schreitet er dabei auch gemächlich voran. Hat er einen Frosch oder Fisch erspäht, schnellt der lange Hals blitzschnell vor und der dolchartige Schnabel schlägt kräftig zu. Er brütet in Kolonien auf hohen Bäumen. Der Graureiher ist besser als sein Ruf. So liegen häufig die ihm zugeschriebenen schrumpfenden Fischbestände in Teichanlagen an Faktoren wie unsachgemäße Anlage, Nahrungsengpässe oder Fischkrankheiten.

Stockente
Anas platyrhynchos

Merkmale Unsere häufigste Ente; Weibchen braun; Männchen meist mit grünem Kopf.
Lebensweise Stockenten brüten mitunter selbst an kleinen Gartenteichen, wo sie sehr zutraulich werden können. Sie tauchen ihren Kopf und Hals unter Wasser, um an Sämereien, grüne Pflanzenteile von Wasser- und Uferpflanzen, Insekten und deren Larven, Würmer, Schnecken oder Kleinkrebse zu gelangen. Häufig hört man ihre „rähb...rähb... rähb"-Rufe an Teichen und Seen. Zwischen März und Juni legt das Weibchen 7–11 Eier und bebrütet sie 25–30 Tage lang. Als Nestflüchter verlassen die Küken das Nest bereits an ihrem ersten Lebenstag und werden vom Weibchen auf dem Wasser geführt.
Von der Stockente stammen unserer Hausenten ab und ihre Bestände mischen sich immer wieder. So trifft man auch auf Stockenten mit weißen Flecken.

Reiherente
Aythya fuligula

Merkmale Kleine, dunkel gefärbte Ente mit einem Federschopf und gelben Augen.
Lebensweise Sie ist eine typische Tauchente: Anders als die Stockente taucht sie mit dem ganzen Körper unter Wasser, um an Kleintiere wie Wasserinsekten und deren Larven, Muscheln und Kleinkrebse zu gelangen. Da Reiherenten nicht auf Pflanzenkost angewiesen sind und zudem gut und tief tauchen können, finden wir sie auch auf tieferen Gewässern wie Stauseen, in denen nicht viel wächst. Das Weibchen baut das Nest allein in unmittelbarer Wassernähe. Erst spät im Jahr – von Mitte Mai bis Ende Juni – legt sie 6–11 Eier und bebrütet sie 23–28 Tage lang, meist verdrückt sich das Männchen mit Beginn der Brutzeit. Nicht selten kann man noch im August Weibchen mit kleinen Jungen beobachten, die mit 40–50 Tagen flügge werden. Reiherenten sind heute auf unseren Seen und Teichen neben Stockenten die häufigsten Enten. Das war nicht immer so, denn sie haben sich erst in den letzten 100 Jahren schnell von Osteuropa nach Mittel- und Westeuropa ausgebreitet.

Blässhuhn
Fulica atra

Merkmale Schwarzer Schwimmvogel mit weißer Blässe und weißem Schnabel.
Lebensweise An nährstoffreichen Gewässern mit üppiger Vegetation ist das Blässhuhn stellenweise der häufigste Vogel. Hier lebt es von Schilfsprossen, Algen, Gräsern und verschiedenen Wasserpflanzen, aber auch von Muscheln, Insekten und deren Larven sowie anderen Kleintieren. Das umfangreiche Nest besteht aus allerlei Pflanzenmaterial und wird am Ufer an Halmen und Ästen verankert. Im April und Mai legt das Weibchen 5–10 Eier, die 23–25 Tage von beiden Eltern bebrütet werden. Dabei schwimmt der nichtbrütende Partner in Nestnähe und steht in Rufkontakt mit dem brütenden Vogel. Brütende Blässhühner sind sehr aggressiv und verteidigen ihr Revier vehement gegen Artgenossen und andere Wasservögel. Die Jungen verlassen das Nest meist nach wenigen Tagen und sind mit etwa 8 Wochen flügge. Im Winter formieren sich Blässhühner in großen Scharen auf eisfreien Stellen an Seen. Auf Parkseen lassen sich die wenig scheuen Vögel sogar durch die kalte Jahreszeit füttern.

Teichhuhn
Gallinula chloropus

Merkmale Schlanker, hühnerähnlicher, grauschwarzer Vogel mit roter Stirn.
Lebensweise Im Gegensatz zum überwiegend auf dem offenen Wasser schwimmenden Blässhuhn hält sich das Teichhuhn eher versteckt im Schilfgürtel der Gewässer auf. Seine langen Zehen tragen keine Schwimmlappen und sind eher zum Klettern und Laufen geeignet. Teichhühner sind außerordentlich anpassungsfähig, sie brüten an den winzigsten Tümpeln, in Dorfteichen und Stadtparks. Auch ihr Speiseplan ist vielseitig: Er besteht sowohl aus Pflanzenbestandteilen, Samen, Früchten, Grasspitzen und frischen Blättern wie aus Insekten, Muscheln und anderen Kleintieren. Beide Partner bauen gut versteckt im Uferbereich aus abgestorbenen Ufer- und Wasserpflanzen ihr Nest und bebrüten 16–19 Tage lang die 7–12 Eier. In den ersten Tagen nach dem Schlupf füttern beide Elternteile die Küken noch im Nest, zieht die Familie dann kurzfristig in ein anderes Revier um, legen die Eltern hier extra Schlafnester für ihre Jungen an. Mit etwa 5 Wochen können sie fliegen. Viele Teichhühner brüten nach dem Schlupf der Küken sofort ein zweites Mal. Dann kümmert sich das Weibchen allein um die Jungen der ersten Brut,

während das Männchen und auch die älteren Geschwister die Pflege der Nachkömmlinge übernehmen. Eine Teichhuhnfamilie bleibt oft sehr lange zusammen.

Eisvogel
Alcedo atthis

Merkmale Auffällig gefärbter, spatzengroßer Vogel; durchdringend hohe „tziiehh"-Rufe.
Lebensweise Er bewohnt klare, langsam fließende oder stehende Gewässer mit einem ausreichenden Angebot an über dem Wasser hängenden Zweigen, von denen aus er ins Wasser spähen und auf Fische lauern kann. Hat er einen Fisch gesichtet, lässt er sich senkrecht ins Wasser fallen. Er erbeutet 4–7 cm lange, schlanke Fische wie Elritzen, Rotaugen, Rotfedern und Gründlinge. Für die Brut graben beide Partner eine bis 1 m lange Röhre in eine Steilwand am Ufer. Dazu hacken sie mit ihrem kräftigen Schnabel den Boden los und scharren ihn mit den Füßen nach hinten. Das Ende ihres Ganges erweitern sie zu einer geräumigen Nistkammer. Hier legt das Weibchen meist 6–7 Eier ab. Nach 18–21 Tagen schlüpfen die Jungen. Sie werden 3–4 Wochen lang von beiden Eltern in ihrer Höhle gefüttert, bis die Eltern sie mit einem Fisch herauslocken. Wenige Tage später versorgen sich die Jungen selbst.
Durch die Bejagung als Fischfangkonkurrent, besonders aber durch die Verbauung senkrechter Abbruchkanten an natürlichen Flusssystemen ist der Eisvogel bei uns selten geworden. Er lässt sich recht gut durch die Neuanlage solcher Abbruchkanten und künstliche Nisthilfen wieder ansiedeln. Außerhalb der Brutzeit (von Oktober bis März) halten sich Eisvögel auch an sehr kleinen Gewässern in Siedlungsnähe auf.

Teichrohrsänger
Acrocephalus scirpaceus

Merkmale Unscheinbarer, einfarbig brauner Vogel, der aufrecht an Schilfhalmen sitzt; ihn kennzeichnet ein charakteristischer, rhythmischer Gesang: „karrekiet-karre-karre-kiet-kiet-kiet".

Lebensweise Er lebt zur Brutzeit im Schilf. Hier klettert er zwischen den Halmen umher und erbeutet mit seinem feinen Schnabel Insekten. Seinen Gesang trägt er zur Paarungszeit von Mai bis Juli meist in der Dämmerung von Schilfspitzen aus vor, später im Jahr dann eher aus unteren Schilfetagen, wo Räuber wie die Rohrweihe ihn nicht so leicht ausmachen können.

Das Nest wird in 1–1,5 m Höhe zwischen Schilfstängeln eingeflochten, die 4–6 Eier 13–15 Tage lang bebrütet. Im Alter von ca. 2 Wochen beginnen die Jungen bereits mit ersten Flugübungen.

Ähnliche Arten Im Volksmund wird der Teichrohrsänger als der „Kleine Karrekiet" bezeichnet. Der größere Drosselrohrsänger (*A. arundinaceus*) ist der „Große Karrekiet". Recht ähnlich sieht auch der Schilfrohrsänger (*A. schoenobaenus*) aus.

Ein ungebetener Gast

In den Nestern der Teichrohrsänger finden sich vielerorts ungebetene Gäste ein. Denn der kleine Vogel zählt zu den beliebtesten Opfern des Kuckucks. Dieser brütet als Brutparasit nicht selber, sondern legt seine Eier in die Nester anderer Vögel und verschwindet dann. Haben die Teichrohrsängereltern den Schwindel nicht bemerkt, so gibt es für ihren eigenen Nachwuchs keine Chance mehr, flügge zu werden. Kaum geschlüpft, befördert der junge Kuckuck seine Nahrungskonkurrenten (oder, falls noch nicht geschlüpft, die Eier) mit seinem Rücken an der Nestwand hoch und schubst sie mit ruckartigen Bewegungen kurzerhand hinaus. Bei den Wirtseltern wird durch den riesigen, orangefarbenen Rachen ein so starker Fütterungstrieb ausgelöst, dass sie keine Mühen scheuen, den immer größer werdenden Gesellen mit seinem riesigen Appetit satt zu bekommen.

Rohrammer
Emberiza schoeniclus

Merkmale Ähnelt einem Spatz („Rohrspatz").
Lebensweise Rohrammern leben gemeinsam mit den Rohrsängern im Schilfsaum von Teichen und Seen. Hier sitzen sie oft oben auf Schilfstängeln und lassen ihr gedehntes „zieeh" hören. Ihr Nest verstecken sie häufig am Boden zwischen Gras- oder Seggenbüscheln. Im April bis Mai legen sie 4–6 Eier, die 12–14 Tage lang bebrütet werden. Etwa 2 Wochen lang füttern beide Partner ihre Jungen mit Spinnen, Schnaken, Raupen und Libellen im Nest. Erwachsene Rohrammern ernähren sich von Insekten, Kleinkrebsen und Schnecken, ab Spätsommer bilden reife Samen einen wesentlichen Teil ihrer Nahrung.

Bachstelze
Motacilla alba

Merkmale Spatzengroß mit langem Schwanz; grau, schwarz, weiß gezeichnet; typisch sind schnelle Trippelschritte, ruckartige Kopfbewegungen und wippende Schwanzbewegungen.
Lebensweise Bachstelzen sind häufige Vögel der offenen Kulturlandschaft, die bevorzugt in Gewässernähe brüten. Da sie ihr Nest gern in Halbhöhlen oder Löchern am Wasser anlegen, auch an menschlichen Bauwerken wie Schuppen, Brücken und sogar Industrieanlagen, zählen sie zu den wenigen Vögeln, die von menschlichen Eingriffen in die Natur profitieren. Ihre Nahrung fliegt praktisch überall herum: Sie besteht aus Mücken und Fliegen, Libellen, Köcherfliegen, Ameisen, Flohkrebsen und sogar winzigen Fischen. Aus den 5–6 Eiern schlüpfen die Jungen nach 12–14 Tagen und verlassen 2 Wochen später das Nest. Bachstelzen brüten pro Jahr meist zweimal.

Heimliche Schilfbrüter
Rohrsänger und Rohrammern zählen zu den wenigen Vögeln, die sich den Schilfsaum als Lebensraum erschlossen haben. So müssen die Vögel in der Lage sein, an den glatten, senkrechten Halmen zu klettern. Der Teichrohrsänger hat hierzu relativ lange Beine mit großen Klammerfüßen zum Festhalten. Sein Nest ist ein tiefes Körbchen aus ineinander geflochtenen Gräsern und Schilfhalmen, das er kunstvoll zwischen den Schilfstängeln einwebt. Die frisch geschlüpften Jungvögel sitzen in den ersten Tagen meist auf schrägen oder umgebogenen Halmen, die typische aufrechte Rohrsängerhaltung müssen sie erst erlernen.

Säugetiere

Es lohnt sich, die Säugetiere, denen wir hauptsächlich in der Morgen- und Abenddämmerung am Teich begegnen, einmal genauer zu betrachten. Denn was gemeinhin als „Maus“ abgetan wird, ist häufig gar keine. So ist die kleine Wasserspitzmaus mit ihrer auffallend langen Nase keinesfalls eine Maus, sondern eine Spitzmaus. Ein wichtiger Unterschied! Spitz“mäuse“ haben keine Nagezähne wie die echten Mäuse, sondern winzige, spitze Zähnchen wie der verwandte Igel. Mit ihnen erbeuten sie Kleintiere wie Insekten und Schnecken. Um die Verwirrung perfekt zu machen, ist auch unsere „Wasserratte“ keine Ratte, sondern eine echte Maus! Es handelt sich bei ihr nämlich um die gut 25 cm lange Schermaus. Sie ist wie die Spitzmaus kein Vorratsschädling an Haus und Hof, nervt Gartenbesitzer aber häufig mit ihren in der Grasnarbe verlaufenden, oberirdischen Gängen. Ebenfalls keine Ratte, sondern eine echte Maus ist die Bisamratte. Aufgrund ihrer beachtlichen Größe wird sie am ehesten mit dem bei uns sehr seltenen Biber verwechselt.

Wasserspitzmaus
Neomys fodiens

Merkmale 7–10 cm langer Insektenfresser. Geschützte Art.
Lebensweise Sie bewohnt klare, nicht verschmutzte Gewässer, in denen sie sehr gut schwimmt und taucht. Dabei erbeutet sie Insektenlarven, Wasserschnecken, kleine Fische und Frösche. Ein Weibchen wirft 2–3mal im Jahr bis zu 9 Junge, die noch im gleichen Jahr geschlechtsreif werden. Spitzmäuse sind Nützlinge. Da sie tierische Kost bevorzugen, vertilgen sie viele Acker-, Vorrats- und Gesundheitsschädlinge.

Gemeine Schermaus
Arvicola terrestris

Merkmale Wird oft fälschlicherweise als „Wasserratte“ bezeichnet, zählt aber zu den Wühlmäusen. 16–22 cm Körperlänge.
Lebensweise Schermäuse sind sehr anpassungsfähig: Sie leben sowohl in Gärten und Obstplantagen als auch an Gewässern. Hier bewohnen sie üppig bewachsene Ufer, wo sie ausgedehnte, unterirdische Gangsysteme mit Vorrats- und Nestkammern für ihre pflanzliche Nahrung anlegen. Sie sind ganz vorzügliche Schwimmer! Sie können etwa 200 m weit schwimmen und bis etwa 1,5 m tief tauchen.

Bisamratte
Ondatra zibethicus

Merkmale Keine Ratte, sondern eine kaninchengroße, braune Wühlmaus.
Lebensweise Bisamratten bewohnen wasserpflanzenreiche Teiche und Seen, Kanäle und langsam fließende Flüsse. Sie fressen Schilf, Binsen, Rohrkolben, See- und Teichrosen, Obst sowie gelegentlich Muscheln und Schnecken. Mit ihren ausgedehnten Gangsystemen in Uferböschungen unterhöhlen sie Dämme und Deiche. Wo solche Böschungen fehlen, legen sie kegelförmige Burgen (Foto rechts) von 1–2 m Höhe an, deren unterer Teil stets von Wasser bedeckt ist. Hier liegen die Eingänge. Die Bisamratte wurde Anfang des 20. Jahrhunderts als Pelztier und Jagdwild aus Nordamerika in Mitteleuropa eingebürgert. Durch ausgedehnte Herbst- und Frühjahrswanderungen, bei denen die Tiere neue Territorien erobern, haben sie sich schnell über ganz Europa ausgebreitet.

Wanderratte
Rattus norvegicus

Merkmale Große, kräftige, 20–28 cm lange, braungraue Ratte mit nacktem Schwanz.
Lebensweise Sie lebt bevorzugt in menschlichen Siedlungsbereichen in Gewässernähe. Sie schwimmt und taucht gut. Als Allesfresser tötet sie Wirbeltiere bis Kaninchengröße, frisst Aas und verursacht hohe Schäden in Speichern und Lagern mit aufbewahrten Nahrungsmitteln an. Die Familienrudel leben in tiefen, unterirdischen Gangsystemen mit Vorratskammern und Fluchtröhren. Die Wanderratte war ebenso wie die Hausratte ursprünglich nicht in Europa beheimatet. Im 18. Jahrhundert gelangte sie mit Handelsschiffen in europäische Häfen und breitete sich von hier aus explosionsartig aus. Beide Arten gelten als Vorratsschädlinge und Überträger von Krankheiten und Seuchen.
Ähnliche Art Die wesentlich seltenere **Hausratte** (*R. rattus*) ist deutlich kleiner und zierlicher als die Wanderratte.

Weiterführende Literatur

Ein Buch im vorliegenden Umfang über die Tier- und Pflanzenwelt eines so artenreichen Lebensraums wie sie Teiche und Tümpel darstellen, muss zwangsläufig unvollständig sein und den Schwerpunkt auf häufige oder auffällige Bewohner legen. Wer sich weitergehend mit der Materie beschäftigen möchte, dem sei nachfolgende Literatur empfohlen:

Aichele, Dietmar und Heinz-Werner Schwegler: Die Blütenpflanzen Mitteleuropas Band I-V. Kosmos-Verlag, Stuttgart, 2. Aufl. 1994

Aichele, Dietmar und Marianne Golte-Bechtle: Was blüht denn da? Kosmos-Verlag, Stuttgart, 56. Aufl. 1997

Baensch, Hans A., Kurt Paffrath und Lothar Seegers: Gartenteich Atlas. Mergus Verlag, Melle, 3. erweiterte Aufl. 2002

Bellmann, Heiko: Leben in Bach und Teich. Mosaik Verlag, München, 1996

Bellmann, Heiko: Der neue Kosmos-Insektenführer. Kosmos-Verlag, Stuttgart, 1999

Diesener, Günter und Josef Reichholf: Lurche und Kriechtiere. Mosaik Verlag, München, 1996

Dreyer, Wolfgang: Die Libellen. Gerstenberg Verlag, Hildesheim, 1986

Engelhardt, Wolfgang: Was lebt in Tümpel, Bach und Weiher? Kosmos-Verlag, Stuttgart, 14. Aufl. 1996

Franke, Wolfram: Faszination Gartenteich. BLV Verlagsgesellschaft, München, 2000

Gerstmeier, Roland und Thomas Romig: Die Süßwasserfische Europas. Kosmos-Verlag, Stuttgart, 2. Aufl. 2003

Grabow, Karsten: Farbatlas Süßwasserfauna Wirbellose. Verlag Eugen Ulmer, Stuttgart, 2000

Gruber, Ulrich: Amphibien und Reptilien. Kosmos-Verlag, Stuttgart, 2. Auflage, 2002

Jurzitza, Gerhard: Der Kosmos-Libellenführer. Kosmos-Verlag, Stuttgart, 2. Auflage, 2000

Krausch, Heinz-Dieter: Farbatlas Wasser- und Uferpflanzen. Verlag Eugen Ulmer, Stuttgart, 1996

Ludwig, Herbert W. u.a.: Tiere im Gartenteich. BLV Verlagsgesellschaft, München, 1998

Nöllert, Andreas und Christel: Die Amphibien Europas. Kosmos-Verlag, Stuttgart, 1992

Oberholzer, Axel und Lore Lässer: Ein Garten für Tiere. Verlag Eugen Ulmer, Stuttgart, 1997

Sauer, Frieder: Wasserinsekten nach Farbfotos erkannt. Fauna Verlag, Karlsfeld, 1994

Singer, Detlef: Welcher Vogel ist das? Kosmos-Verlag, Stuttgart, 2002

Steinbach/Podloucky/Roché: Froschkonzert am Gartenteich. Kosmos-Verlag, Stuttgart, 2001.

Stichmann, Wilfried und Ursula Stichmann-Marny: Der neue Kosmos-Pflanzenführer. Kosmos-Verlag, Stuttgart, 1999

Stichmann, Wilfried und Erich Kretzschmar: Der neue Kosmos-Tierführer. Kosmos-Verlag, Stuttgart, 1996

Tönsmeier, Dieter: Einheimische Fische im Aquarium. Verlag Eugen Ulmer, Stuttgart, 1989

Vilcinskas, Andreas: Fische. BLV Verlagsgesellschaft, München, 2000

Wesenberg-Lund, C.: Biologie der Süßwassertiere. Verlag Julius Springer, Berlin, Wien, 1939 (nur antiquarisch zu bekommen, aber wenn, dann nicht zögern, sondern schnell zugreifen)

Wesenberg-Lund, C.: Biologie der Süßwasserinsekten. Verlag Julius Springer, Berlin, Wien, 1943 (nur antiquarisch zu bekommen, aber wenn, dann nicht zögern, sondern schnell zugreifen)

Register

Impressum

Mit 271 Farbfotos von Frank Hecker

Umschlaggestaltung von Friedhelm-Steinen-Broo, eStudio Calamar, Pau (Spanien) unter Verwendung von 4 Farbdias von Frank Hecker

Bibliografische Information Der Deutschen Bibliothek
Die Deutsche Bibliothek verzeichnet diese Publikation in der Deutschen Nationalbibliografie; detaillierte bibliografische Daten sind im Internet über http://dnb.ddb.de abrufbar.

Gedruckt auf chlorfrei gebleichtem Papier

1. Auflage

ISBN 3-440-09384-0
Printed in Czech Republic/
Imprimè en République tcheque
Projektleitung: Dr. Stefan Raps
Lektorat: Bärbel Oftring
Produktion: Siegfried Fischer, Lilo Pabel
Grundlayout: Friedhelm Steinen-Broo, eStudio Calamar, Pau (Spanien)
Satz und Reproduktion: Typomedia GmbH, Ostfildern
Druck und Bindung: Těšínská Tiskárna a. s., Český Těšín

KOSMOS

Erlebnis Natur

Tiere beobachten,

Quelle und Bach, Tümpel, Weiher oder Gartenteich sind voller Pflanzen und Tiere. Um ihre Lebensweise und ökologischen Ansprüche zu verstehen, muss man die Arten einordnen können. Mit diesem Naturführer bestimmen Sie sicher über 400 Tier- und Pflanzenarten.

- Ein Buch für alle, die Kleingewässer und ihre Bewohner erleben und erhalten wollen

Wolfgang Engelhardt
Was lebt in Tümpel, Bach und Weiher?

316 Seiten
737 Abbildungen
gebunden

ISBN 3-440-06638-X

Wie Sie Ihren Gartenteich richtig anlegen, damit sich dort Frosch- und Schwanzlurche einfinden, erfahren Sie in diesem Buch. Darüber hinaus informiert der Ratgeber über Biologie und Verhalten von Lurchen und gibt zahlreiche Tipps zur Beobachtung und zum Schutz der Tiere.

- Extra: CD mit 21 Rufen aller heimischen und einiger europäischer Frösche und Kröten

Steinbach/
Podloucky/Roché
Froschkonzert am Gartenteich

Buch (38 S., 104 Abb.)
und CD

ISBN 3-440-08574-0